AF438675

ESSAI

D'UNE MONOGRAPHIE

DU

CAMELLIA.

Imprimerie de L. BOUCHARD-HUZARD,
7, rue de l'Éperon.

MONOGRAPHIE

DU

GENRE CAMELLIA

ET

TRAITÉ COMPLET

SUR SA CULTURE, SA DESCRIPTION ET SA CLASSIFICATION ;

Ouvrage enrichi de deux tableaux synoptiques, dont l'un contient les noms de plus de cinq cents variétés, avec la couleur, la forme des fleurs, l'espèce ou la variété qui les a produites, le lieu de leur origine et l'époque de leur introduction en Europe; dans l'autre sont peintes, en deux gammes ascendantes, les nuances des couleurs propres aux Camellia connus, avec leurs dénominations spécifiques.

PAR L'ABBÉ BERLÈSE,

Secrétaire de la Société royale d'horticulture de Paris, membre correspondant de l'Athénée de Trévise ; de l'Académie des Aspirants de Conegliano (Italie); de la Société royale et centrale d'Agriculture de Paris, de celle de Versailles, du Comice agricole d'Angers; de la Société d'horticulture de Meaux ; de l'Académie ébroïcienne (Eure); de la Société royale d'Agriculture et de botanique de Gand et de celle d'horticulture de Liége (Belgique); membre honoraire de la Société impériale d'Agriculture de Moscou (Russie); de celle d'horticulture de Massachusetts (Amérique), etc., etc.

Seconde édition

Revue, corrigée et augmentée de 17 articles nouveaux sur la culture du Camellia et de plus de 200 descriptions de variétés nouvelles.

PRIX, 5 FR.

CHEZ L. BOUCHARD-HUZARD, IMPRIMEUR-LIBRAIRE,
RUE DE L'ÉPERON, 7.

1840.

AVIS DE L'ÉDITEUR.

—

La monographie des Camellia, par M. l'abbé Berlèse, obtint, dès son apparition en 1837, un tel succès, qu'en peu de mois la première édition fut épuisée. Ce succès dut être la conséquence de l'admiration que tous les connaisseurs avaient manifestée à la vue de la collection de plus de cinq cents variétés que le célèbre horticulteur avait réunies avec un goût si éclairé dans sa belle serre de la rue de l'Arcade. Paris, accoutumé à toutes les merveilles de l'art, aimait aussi à contempler ces beautés où la nature étale avec grâce les formes les plus élégantes et l'inépuisable richesse de ses couleurs.

Pour faire un bon livre, la première des conditions est d'être pénétré de son sujet ; il faut en connaître tous les détails favorables ou contraires, afin de pouvoir dire suffisamment tout ce qu'il est utile de faire connaître, et ne rien omettre. Sous ce rapport, M. Berlèse, qui, par ses nombreux écrits, est à nos yeux la représentation personnifiée de la riche famille des Camellia, est en possession de la confiance publique, non-seulement en France, mais dans les diverses contrées de l'Europe.

Aussi la première édition de son livre est-elle traduite en russe, en anglais, en allemand : on ne la trouve plus que dans ces divers États, où les traducteurs l'ont multipliée. En France, ce livre était depuis quelque temps réclamé en vain par les amateurs ; le commerce en exigeait la réimpression. Quelques améliorations dues au zèle et aux nouvelles observations de l'auteur donneront à cette deuxième édition un titre de plus au bon accueil du public.

L. BOUCHARD-HUZARD.

A

M. SOULANGE BODIN,

SECRÉTAIRE GÉNÉRAL

DE LA SOCIÉTÉ ROYALE D'HORTICULTURE DE PARIS,

Membre de plusieurs Sociétés savantes et Chevalier de plusieurs ordres.

A vous fondateur du plus riche établissement horticole de la France; à vous qui renfermez, dans vos vastes serres de FROMONT, les plus précieuses productions de la nature; à vous qui, par vos écrits, vos lumières et vos exemples, avez si puissamment contribué à étendre les progrès de l'horticulture; à vous enfin, mon maître et mon ami, SOULANGE BODIN, je consacre ce faible essai sur la monographie du CAMELLIA.

Oui, mon ami, cet essai, je vous l'offre; je vous le devais : mes relations avec vous ont répandu tant de charmes sur ma vie !...

Ce travail était au-dessus de mes forces sans doute; vos encouragements ont pu seuls me déterminer à l'entreprendre : vous l'accueillerez donc, je l'espère, avec indulgence, et vous lui accorderez votre bienveillant patronage.

L'ABBÉ BERLÈSE,

Secrétaire de la Société royale d'Horticulture de Paris, etc.

TABLE DES MATIERES.

—

CHAPITRE III.

CHAPITRE IV.

MOTIFS DE CETTE SECONDE ÉDITION.

—

Les horticulteurs de tous les pays ayant accueilli, avec plus de faveur et d'indulgence que nous ne nous y attendions, notre *monographie sur le genre Camellia*, et la première édition de cet ouvrage étant depuis longtemps épuisée, nous avons pensé d'en faire une seconde, enrichie de dix-sept articles nouveaux sur la culture de cette plante, et augmentée de plus de deux cents descriptions. Cette seconde édition peut offrir un intérêt nouveau aux amateurs de Camellia.

Et, avant de mettre sous presse ce travail, nous avons fait un appel à quelques horticulteurs renommés du pays et étrangers, pour qu'ils voulussent bien nous communiquer leurs observations et les réformes qu'il y avait à faire à notre première édition. Docile aux bons conseils que ces hommes expérimentés nous ont donnés, nous aimons à leur offrir ici les témoignages de notre estime; et, en les priant de continuer de nous éclairer de leurs lumières, nous leur exprimons tout à la fois notre reconnaissance pour le passé et notre promesse de les écouter fidèlement à l'avenir.

L'ABBÉ BERLÈSE.

AVIS AU LECTEUR.

Cet ouvrage est divisé en trois séries distinctes : la première contient l'éducation complète du Camellia, sa culture, sa multiplication ; la seconde, la description de ses plus belles variétés, au nombre d'environ *cinq cents et plus*, à chacune desquelles est annexé un numéro d'ordre, qui renvoie aux numéros correspondants des deux tableaux synoptiques. Pour se faire comprendre facilement de tous les horticulteurs, on a adopté un mode simple et uniforme de description, basé sur les caractères les plus saillants de la plante, les dimensions des feuilles, la forme et la couleur des boutons et des fleurs ; et on a signalé soigneusement toutes les irrégularités ou les ressemblances que les variétés offraient l'une avec l'autre, ainsi que leur synonymie, chaque fois qu'il a été possible de l'établir avec certitude.

N. B. Les boutons ont été divisés ainsi qu'il suit, d'après la couleur des écailles calicinales, qui caractérise le plus ou moins facile développement des fleurs :

1. Boutons écailles calicinales verdâtres. Floraison facile.
2.   —   jaunâtres.. Moins facile.
3.   —   noirâtres.. Incertaine ou difficile.

Les fleurs ont été aussi divisées en simples, semi-doubles, doubles et pleines, régulières et irrégulières.

Pour ne pas laisser d'équivoque dans l'esprit des horticulteurs, qui souvent se trompent à l'égard des dénominations qui précèdent, nous croyons devoir en donner ici la définition : ainsi, par exemple, on entend par fleur simple celle qui n'a qu'un rang de pétales, quoique, dans quelques variétés, les organes

sexuels passent quelquefois à l'état pétaloïde. Exemple :
C. dianthiflora, insignis, etc.

Ce sont ces fleurs que certains jardiniers appellent doubles par erreur.

Par semi-double, celle qui n'a que deux rangs de pétales et quelques étamines pétaloïdes ;

Par double, celle qui a plusieurs rangs de pétales entremêlés, au centre, d'étamines fertiles ou pétaloïdes apparentes ;

Par pleine, enfin, celle dont les rangs de pétales sont tellement multipliés, qu'ils présentent la forme d'une rose cent-feuilles.

L'astérisque dénote les espèces distinctes reconnues comme telles par les botanistes, elles sont au nombre de neuf.

On appelle fleur régulière celle dans laquelle toutes les parties coupées uniformément et placées à une égale distance d'un centre commun présentent, dans leur contour, un ensemble symétrique et presque toujours uniforme. La fleur régulière est composée ou d'un rang seul de pétales égaux et également disposés, comme dans la fleur du *Camellia japonica rubra simplex,* ou d'un plus grand nombre de rangs de pétales aussi égaux et disposés en vase, c'est-à-dire en recouvrement les uns sur les autres ; ce que nous appelons pétales imbriqués, comme dans la fleur du *C. alba plena.*

La fleur irrégulière est celle qui est formée de plusieurs pièces dissemblables inégales entre elles, telle est la fleur du *C. rubra plena.*

L'irrégularité de la fleur et l'avortement des étamines sont, en général, des phénomènes corrélatifs.

PRÉFACE DE L'AUTEUR.

—

Passionné, dès notre enfance, pour la botanique, nous avons passé, dans l'étude des fleurs, les moments les plus doux de notre vie; mais, embarrassé de faire un choix dans l'immense série des familles végétales qui nous offraient à l'envi leurs beautés respectives, après de longues hésitations nous avons enfin *donné la préférence* au genre Camellia.

Et, en effet, quel genre de plante mérita jamais mieux les soins éclairés et vigilants de l'horticulteur? L'élégance du port, le beau vert des feuilles, la couleur pure et brillante de ses grandes et belles fleurs, justifiaient assez notre choix, quand même encore un grand nombre d'amateurs distingués et éclairés ne nous eussent imité dans cette adoption. Maintenant, il n'est pas de jardin où cette charmante plante n'ait su trouver une place où elle brille au premier rang parmi le peuple végétal. Toutes les nations civilisées l'adoptèrent bientôt à l'envi, et aujourd'hui le Camellia, d'origine japonaise, est devenu cosmopolite.

Mais, en raison même de l'empressement que chacun a mis à recueillir ce bel étranger dans ses serres, où il a dû partout se multiplier et produire de nombreuses variétés, toutes plus belles, plus élégantes les unes que les autres, il en est résulté une grande confusion, qui jette nécessairement du trouble dans les appréciations des variétés obtenues, et fait désirer de chacun un moyen commode de classification, pour se guider dans ce nouveau dédale.

Et il n'en pouvait être autrement quand on réfléchit d'abord aux différents procédés de multiplication qu'offre la science horticulturale, poussée de nos jours à un si haut point de perfection; ensuite à la facilité avec laquelle le végétal qui nous occupe en ce moment produit ses graines, surtout dans le Midi.

De toute part donc, le nombre des variétés s'accrut, et, par suite, la confusion des noms spécifiques, dont la série est aujourd'hui un véritable chaos de synonymie, abandonné souvent à l'arbitraire de l'ignorant, quelquefois même, et nous devons le dire, du malveillant.

Pour remédier, autant qu'il est en nous, au mal que nous venons de signaler, pour être utile à tous ceux qui aiment et cultivent le charmant végétal, objet de notre constante prédilection, pour les guider dans leurs achats ou leurs échanges, et les empêcher d'être trompés par des erreurs soit volontaires ou involontaires, nous avons entrepris un travail peut-être au-dessus de nos forces, mais que nous livrons avec confiance aux vrais amis de l'horticulture, qui verront, dans cet essai de nomenclature, tout faible qu'il est, que le désir d'être utile nous a constamment animé.

Voué, depuis vingt ans, à la culture spéciale des Camellia, nous en avons rassemblé, à grands frais, la plus nombreuse collection du continent, peut-être, quoique nous en ayons exclu avec soin toutes les variétés insignifiantes ou douteuses.

Étudiant avec une minutieuse vigilance, chaque jour, la marche de la nature dans ce beau genre, nous avons aussi, depuis plus de vingt années, pris de nombreuses et intéressantes notes sur sa végétation, sa floraison, sa fructification, sa culture enfin; notes qui, étant rédigées avec tout le soin dont nous sommes capable, forment la base du travail que nous soumettons avec confiance aux amateurs de Flore. Puissions-nous obtenir leurs suffrages, c'est là toute notre ambition.

TABLE DES ESPÈCES

PAR ORDRE ALPHABÉTIQUE.

Le premier chiffre indique le numéro de l'espèce dans le système de classification, et le deuxième indique la page où se trouve sa description.

A.

B.

C.

M.

TABLEAU SYNOPTIQUE

DES

COULEURS DU GENRE CAMELLIA.

ROSE CLAIR.

Dénomination du Peintre.		Dénomination du Teinturier.
Coul. dominante : laque rose foncé, jaune de Naples et vermillon.	N° 4.	Rose clair.
Coul. dom. : laque rose clair, jaune de Naples et vermillon.	N° 3.	Id.
Coul. dom. : laque rose clair, jaune de Naples et vermillon.	N° 2.	Id.
Coul. dom. : laque rose clair et jaune de Naples.	N° 1.	Id.

PREMIÈRE GAMME.

Camellia Japonica.

TYPE.

16*

Dénomination du Peintre.   *Dénomination du Teinturier.*

ROUGE-CERISE FONCÉ.

N° 7.

Couleur dominante carmin foncé mêlé avec du vermillon.   Cramoisi foncé.

N° 6.

Coul. dom. : carmin foncé mêlé avec plus de vermillon.   Cramoisi clair.

N° 5.

Coul. dom. : carmin mêlé avec du vermillon.   Cerise foncé.

N° 4.

Couleur dom. : carmin mêlé avec plus de vermillon.   Id.

ROUGE-CERISE CLAIR.

N° 3.

Coul. dom. : laque carminée mêlée avec du vermillon.   Cerise clair.

N° 2.

Coul. dom. : laque carminée, laque rose et vermillon.   Id.

N° 1.

Coul. dom. : laque carminée, laque rose et vermillon.   Id.

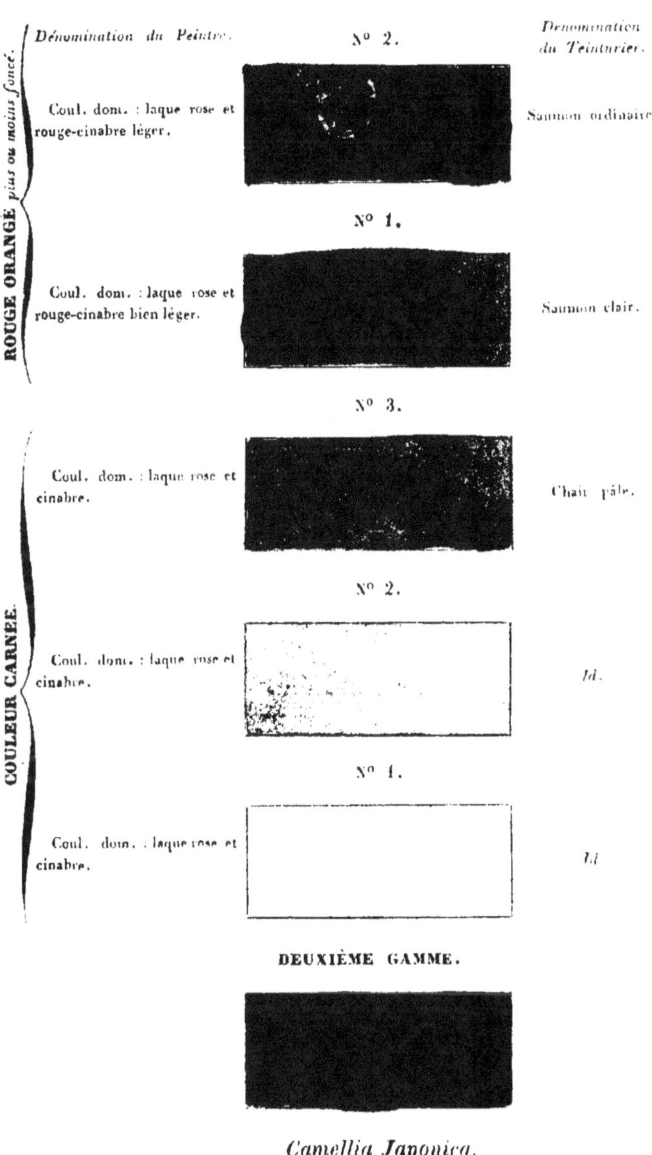

Camellia Japonica.

TYPE.

— IV —

<table>
<tr><td>Dénomination du Peintre.</td><td>Nº 8.</td><td>Dénomination
du Teinturier.</td></tr>
<tr><td>Coul. dom. : carmin foncé mêlé avec du rouge-cinabre.</td><td></td><td>Ponceau foncé.</td></tr>
<tr><td></td><td>Nº 7.</td><td></td></tr>
<tr><td>Coul. dom. : carmin foncé mêlé avec plus de rouge-cina-bre.</td><td></td><td>Ponceau clair.</td></tr>
<tr><td></td><td>Nº 6.</td><td></td></tr>
<tr><td>Coul. dom.: carmin et rouge-cinabre.</td><td></td><td>Écarlate ordinaire.</td></tr>
<tr><td></td><td>Nº 5.</td><td></td></tr>
<tr><td>Coul. dom.: laque foncée et rouge-cinabre.</td><td></td><td>Écarlate de Nîmes.</td></tr>
<tr><td></td><td>Nº 4.</td><td></td></tr>
<tr><td>Coul. dom. : laque rose, rouge-cinabre.</td><td></td><td>Saumon foncé.</td></tr>
<tr><td></td><td>Nº 3.</td><td></td></tr>
<tr><td>Coul. dom. : laque rose et rouge-cinabre léger.</td><td></td><td>Saum. moins foncé.</td></tr>
</table>

ROUGE ORANGÉ *plus ou moins foncé.*

MONOGRAPHIE

DU

GENRE CAMELLIA.

CHAPITRE PREMIER.

—

§ 1. — *De l'origine du Camellia et de ses caractères botaniques.*

Le nom de *Camellia*, donné d'abord, par Forskal, au *Ruellia grandiflora*, fut ensuite appliqué, par Linné, au charmant arbrisseau qui fait le sujet de cet ouvrage.

Linné le nomma ainsi pour offrir un témoignage de reconnaissance au père Camelli, jésuite, qui, en 1739, l'importa du Japon en Europe. Voici les caractères botaniques de cette plante :

Périanthe double : l'externe (calice), formé de la réunion de quelques bractées ou sépales imbriqués, squammiformes, arrondis, concaves, coriaces et caduques ; l'interne (corolle), de 5 à 7 pétales, rarement 9, en nombre égal aux sépales, qu'ils dépassent de beaucoup en grandeur, alternant avec eux, et souvent réunis à la base (par leurs onglets) ; étamines nombreuses, hypogynes, disposées en couronne, à filaments filiformes, tantôt polyadelphes et tantôt monadelphes à la base, munies d'anthères ellipsoïdes mobiles ; ovaire unique, ovale-arrondi ; 3 à 6 styles plus ou moins soudés entre eux ; capsule triloculaire, s'ouvrant en 3 valves, trisperme par l'avortement de quelques ovules ; valve cloisonnée devenant, par déhiscence, un axe triquètre libre ; graines rares, charnues, assez grosses, fixées à la paroi interne des cloisons, etc.

Les Camellia sont des arbrisseaux ou même des arbres indigènes à la Chine, au Japon, à la Cochinchine et aux Indes, glabres, toujours verts, et remarquables surtout par la beauté de leurs fleurs axillaires.

Placé autrefois auprès des orangers, par M. de Jussieu, aujourd'hui le Camellia est le type d'une nouvelle famille formée, par M. de Candolle père, sous le nom de camelliées (théacées, Mirb.), qui se compose des deux genres *camellia* et *thea* (le thé), et que ce savant place entre les ternstrœmiacées et les olacinées (Mirb.), ajoutant, avec doute, que, si de nouveaux genres intermédiaires peuvent y être postérieurement réunis, les deux premiers ordres pourront bien n'en former qu'un seul, par cette raison que le camellia ne diffère des ternstrœmiacées que par la semence sans endosperme.

Dans son pays natal, le Camellia s'élève au delà de 15 à 20 mètres ; mais, en Europe, il ne dépasse guère 7 à 8 mètres, et forme un arbrisseau d'un port superbe, dont le feuillage persistant, d'un vert luisant, les fleurs éclatantes, le placent, sans contredit, au premier rang parmi les végétaux de nos serres.

Ses rameaux sont nombreux, alternes, divergents, rougeâtres dans la jeunesse, puis cendrés et striés dans l'âge adulte ; ses feuilles également alternes, grandes, planes, le plus souvent convexes supérieurement, épaisses, coriaces ; d'un beau vert foncé et brillant, bordées de dents aiguës, peu profondes ; ses fleurs, souvent de 54 à 80 millimètres de diamètre, d'un rouge-cerise éclatant, sont terminales ou naissent dans l'aisselle des feuilles des rameaux supérieurs ; elles viennent, sous notre climat, réjouir notre vue, alors que les frimas désolent nos jardins, c'est-à-dire de novembre en mars ; cette particularité, indépendamment de l'extrême beauté particulière à ce végétal, suffirait déjà pour lui mériter notre préférence; on peut ajouter que, si la nature ne lui eût refusé une douce odeur, ce serait le roi des végétaux, dont aucun alors n'eût pu lui être comparé sans désavantage. Nous n'avons point jugé à propos de décrire, en botaniste, les transformations que la culture a fait subir au type normal (*Camellia japonica*) pour en obtenir tant et de si belles variétés; aucun de nos lecteurs n'est tellement étranger à la science du botaniste, qu'il ne connaisse les métamorphoses des étamines et des styles en pétales, métamorphoses qui constituent les fleurs semi-doubles, doubles ou pleines, comme cela arrive dans nos jardins, pour les roses, les dahlia, jacinthes, etc., etc., etc.; nous n'y reviendrons pas.

§ 2.—*Des progrès du Camellia par la culture et de la nécessité d'une classification.*

Le *Camellia japonica*, tel qu'il fut introduit, comme nous l'avons dit, en Europe, en 1739, orna d'abord les jardins d'Angleterre; bientôt il passa en Italie, puis en France; enfin plus tard en Allemagne. Cette espèce fut seule en Europe pendant 47 ans; elle fructifia ensuite dans plusieurs contrées différentes, et donna des variétés qui furent estimées pendant longtemps.

Mais en 1792, époque à laquelle parurent en Europe, à la fois, les belles variétés, le *blanc,* le *panaché* et le *rouge* doubles, l'admiration pour le type diminua nécessairement tout à coup.

Depuis l'introduction de ces trois premières variétés, le Japon et la Chine nous en fournirent d'autres également remarquables, telles que l'*incarnata* en 1806, le *myrtifolia* en 1808, le *warrata* en 1809, puis enfin le *pœoniæflora* et le *pomponia* en 1810.

Par la suite, plusieurs de ces variétés, et surtout les trois dernières, purent fructifier dans nos jardins, et on obtint alors, de leurs noces légitimes ou adultérines, des variétés ou des hybrides fort intéressantes. Le temps, la culture, et aussi le hasard, déterminèrent à leur tour ces nouveaux produits à donner naissance à d'autres, qui égalent, sans contredit, en mérite, ceux qui nous vinrent directement du pays natal. Ce facile mode de reproduction (par la fructification) étant aujourd'hui général, et les résultats en augmentant tous les jours davantage, les esprits éclairés s'accordent pour craindre, dans l'avenir, que les nombreuses variétés qui entrent tous les jours dans le commerce n'amènent bientôt une confusion inévitable, une difficulté invincible de se guider dans ce nouveau labyrinthe, si on ne trouve un fil conducteur par la fixation d'un ordre de classification en rapport avec les besoins de l'horticulture et du commerce. Cette crainte, qui nous paraît généralement partagée, nous a encouragé à émettre nos idées à cet égard, et à proposer une méthode qui pût être à la portée de tout le monde, et remplir, autant que nous le permettent nos faibles moyens, ce but que nous nous sommes proposé, celui d'être utile à l'horticulture.

A cet effet, d'après sa coloration générale (moyen qui nous a semblé le plus simple et le plus naturel), nous avons divisé les Camellia en deux classes : les Camellia *unicolores* et les Camellia *bicolores*. La première classe comprend les couleurs simples, plus ou moins pures, plus ou moins foncées ; la seconde contient les couleurs mélangées plus ou moins tranchées. L'ensemble de ces notions, contenues dans les tableaux ci-joints, explique, en abrégé, toutes ces différences, et, de plus, la *forme*, l'espèce ou la variété du Camellia, son origine et son introduction en Europe.

Des détails plus étendus seront donnés dans la monographie attachée à cet ouvrage ; mais, pour l'intelligence de ces tableaux, il est essentiel de les faire précéder ici de quelques instructions sur les moyens que nous avons employés pour nommer les différentes nuances de couleurs qui se manifestent dans les fleurs du Camellia.

Notre premier soin a été de rechercher quels pouvaient être les rapports qui existaient entre les nuances différentes de la couleur rouge artificielle fixées sur des étoffes de différentes sortes et entre les nuances naturelles du même rouge que présentent les fleurs du Camellia, afin d'appliquer à celles-ci les mêmes dénominations que les artistes ont données à celles-là; mais, malgré l'assiduité de nos recherches, ayant été conduit à découvrir qu'il n'y avait aucun rapprochement entre ces deux *genres* de couleurs, nous avons pensé que nous devions recourir à la peinture, qui, seule, pouvait saisir, imiter les tons variés des couleurs que déploie si richement la nature. Cette pensée devint une résolution qui fut de suite exécutée. Un peintre très-habile, entouré des modèles naturels que lui fournit abondamment notre collection, fut chargé, par nous, et à plusieurs reprises, de fixer ces couleurs sur le papier, et de déterminer, en termes précis, la dénomination spécifique des matières colorantes qu'il devait employer à composer chaque échantillon du tableau peint.

Ce travail terminé, nous crûmes devoir le soumettre aux lumières d'un des hommes les plus distingués de la France, M. Chevreul, directeur de l'établissement royal des Gobelins et professeur de chimie au Muséum d'histoire naturelle. M. Chevreul nous expliqua, avec la lucidité et la complaisance que chacun lui connaît, toutes les ramifications de son système sur les couleurs, système savamment développé dans un ouvrage scientifique que l'auteur doit publier incessamment.

L'examen du système de M. Chevreul nous aida à simplifier infiniment notre travail, et nous détermina à diviser nos couleurs en deux séries appelées *gammes*, contenant tous les tons et les nuances qui distinguent les variétés du Camellia (1).

---

(1) Nous développerons cet essai de classification des variétés du Camellia par les couleurs, après avoir traité des moyens de sa culture et de sa multiplication, c'est-à-dire à la fin du chapitre II.

CHAPITRE II.

—

§ 1. — *De la culture du Camellia, en général.*

Le Camellia du Japon est, sans contredit, une des plus belles conquêtes que l'horticulture ait faites vers la fin du siècle dernier. Le port magnifique de cet arbrisseau, l'élégance rare de son feuillage, la beauté et la dimension de ses fleurs, la saison dans laquelle elles paraissent, leur variété, leur abondance, leur durée sont des qualités que nul autre végétal ne possède au même degré, et qui lui assignent un rang distingué parmi les plantes les plus agréables que nous destinions à augmenter nos jouissances.

Mais tous ces avantages sont encore bien loin d'être généralement appréciés. Bien que cette plante ne rencontre de toute part que des admirateurs sans nombre, elle n'en est pour cela, au grand regret des horticulteurs éclairés, ni plus répandue, ni plus recherchée, ni surtout mieux cultivée.

Nous entendons, tous les jours, des hommes, même instruits, les uns, nous dire que le Camellia est une plante difficile à soigner, et qu'elle est d'un prix trop élevé ; les autres, qu'elle demande des serres spéciales, et qu'il faut faire de grands frais pour la conserver ; quelques-uns l'abandonnent, parce qu'ils n'ont pas à leur portée la terre nécessaire à sa conservation, ou parce qu'ils manquent d'un jardinier assez habile pour diriger convenablement sa culture ; enfin beaucoup de ceux qui s'en occupent y renoncent bientôt, parce qu'ils ne réunissent pas à la faire fleurir convenablement.

Consacré, depuis vingt ans, à la culture spéciale du camellia, fort de l'expérience que nous avons acquise pendant

ce long laps de temps, nous allons essayer d'aplanir toutes
ces difficultés en démontrant, autant que nos faibles lumières
le permettent, la manière facile de cultiver cette plante, de
la conserver, de la multiplier, et enfin de la faire fleurir tous
les ans.

Quoique le Camellia soit un arbrisseau d'une nature rustique, et que, pour végéter, il n'exige aucune température
élevée, ni aucune terre extraordinaire; quoique toutes les
expositions lui conviennent, que tous les abris lui soient
bons, et que plusieurs degrés de froid même ne le fassent
pas périr, cependant, pour lui faire acquérir une végétation
vigoureuse, pour le faire fleurir abondamment tous les ans
et pour le soumettre avec succès aux différentes voies de la
multiplication, voici quelques conditions principales qui lui
sont essentielles : en premier lieu; se présente la terre où il
doit être cultivé, et qui est, pour l'ordinaire, le terreau, dit
vulgairement terre de bruyère; ici le choix n'est pas sans
quelque difficulté, et, dans l'intérêt des horticulteurs, nous
nous étendrons volontiers un peu sur ce sujet d'une haute
importance pour les résultats de leur culture.

Par bonne terre de bruyère, nous entendons celle qui contient le plus de parties substantielles provenant des détritus
animaux et végétaux. Elle doit être légère, sablonneuse, ne
noircissant pas les doigts, et d'une couleur brun marron,
brunâtre, ou même fauve foncé.

Telles sont, en particulier, dans les environs de Paris,
celles de Sannois et de Meudon, dont voici les analyses :

Terre de Meudon.

Sable siliceux.	62	
Détritus végétaux.	20	
Humus.	16	
Carbonate de chaux.	0	8
Matière soluble à froid.	1	2
	100	

Terre de Sannois.

Silice	43	80
Chaux carbonatée.	7	10
Sels déliquescents.	1	10
Humus	31	70
Fer attirable	0	13
Détritus non encore décomposés. . . .	13	25
Perte et corps étrangers apparents. . .	2	92
	100	

Les parties non décomposées, ou sels déliquescents, ont fourni à une analyse sévère :

Silice.	2
Carbonate de chaux.	15
Sulfate de chaux.	10
Muriate de chaux et magnésie.	8
Matière animale	12
Perte et eau.	53
	100

Les terres de bruyère de Palaiseau, Beauregard, Longju-meau, Vincennes, etc., sont négligées comme trop légères et contenant moins d'humus que les autres : on leur préfère les deux précédentes, et surtout celle de la Chapelle-en-Serval, qui, plus riches en humus, conservent plus longtemps leurs principes fertilisants et sont moins sujettes à les perdre par les pluies et les arrosements.

Mais une de celles que l'on doit principalement rejeter est, avant toutes autres, celle de Fontainebleau, que l'on retire des lieux bas et marécageux, et dont la couleur, d'un noir sombre et mat, indique suffisamment la présence de la tourbe, qui rend cette terre tellement serrée et compacte, qu'elle permet difficilement aux racines des végétaux délicats de s'y étendre convenablement. Un inconvénient plus grave encore, c'est qu'en raison de sa nature tourbeuse la sécheresse la durcit et la rend imperméable à l'eau.

Quand on a fait choix d'une des terres de bruyère que nous avons indiquées comme plus convenables à la nature du beau végétal qui nous occupe, il faut la faire enlever, coupée en petites mottes de 8 cent. d'épaisseur, à peu près, veiller à ce que la partie supérieure de la motte conserve les menus végétaux qui la couvraient, en faire former un monceau carré, exposé à l'air libre et, autant que possible, dans un lieu ombragé. Nous dirons, tout à l'heure, comment on doit l'employer, parce qu'elle est légère, substantielle et de longue durée. Facilement perméable à l'eau quand on ne l'a pas laissée trop se dessécher, elle absorbe et retient facilement une quantité suffisante de molécules aqueuses, permet la libre ramification des racines, se prête à l'absorption des gaz atmosphériques, et enfin reste longtemps douée d'un principe de fermentation concourant au dégagement souterrain des gaz qui s'insinuent dans le végétal, ainsi qu'à la dissolution de l'acide carbonique, si essentiel à la végétation.

Nous ne parlerons pas de celles de Gand, Anvers et Bruxelles, dont la couleur est fauve ; ce sont les meilleures de toutes celles que nous connaissions.

Lorsqu'on n'est pas à portée de se procurer de la terre

naturelle de bruyère, on peut y suppléer, jusqu'à un certain point, par la formation d'une terre factice qui produit d'assez bons résultats, et à laquelle nous donnons le nom de compost, d'après les Anglais, si habiles à en composer de diverses sortes ; voici de quelle manière on doit la préparer.

On prend de la terre normale, dite terre franche, douce et substantielle, qu'on a eu soin de faire enlever avec son gazon dans les prés, ou de la terre vierge, légère, qu'on a fait emporter d'un bois avec toutes les racines et le gazon qui la couvraient; on y joint du terreau de feuilles à moitié consommées ; on mêle ensemble toutes ces substances par parties égales ; on en forme un monceau de forme conique ou en dos d'âne, pour donner un libre écoulement à l'eau des pluies; on laisse ce compost, ainsi entassé, à l'air libre, afin que tout ce mélange, qu'il faut avoir soin de remuer souvent, soumis, par l'action des gaz atmosphériques qui l'environnent, à une espèce de fermentation, puisse devenir un tout homogène, ce qui demande à peu près l'espace d'un an, après lequel on peut se servir de ce compost, qui offrira alors l'équivalent d'une terre naturelle.

En Angleterre, où la terre de bruyère est rare, des horticulteurs très-habiles, tels que MM. Lodigges, Swet, Young, cultivent le camellia dans une terre normale douce, chargée de substances végétales en décomposition, et mêlée d'une certaine quantité de tourbe et de sable fin. D'autres, tels que M. Bayswater, emploient un mélange de tourbe, de terre normale sablonneuse, et d'une certaine quantité de fumier animal réduit à l'état de terreau ; quelques-uns enfin, tels que M. Henderson, Écossais, très renommé pour sa belle collection de camellia, se servent d'un mélange de terreau léger, de sable de rivière très-fin, et de terreau de feuilles bien décomposées.

En Italie, on emploie la terre de saule, ou celle de forêts, mêlée avec un terreau de feuilles décomposées, ou même la terre de châtaignier sauvage sans mélange.

En Allemagne, dans les endroits où l'on manque de terre de bruyère, on la remplace par un compost d'un tiers de tourbe et de deux tiers de terre normale un peu sablonneuse, mais très-chargée d'humus et de détritus végétaux.

Quelle que soit enfin la terre qu'on donne au Camellia, il faut, avant de s'en servir, qu'elle soit soigneusement préparée et dépouillée de tous corps étrangers et inutiles, tels que pierres, cailloux et morceaux de bois. Si c'est de la terre naturelle de bruyère, on se gardera bien d'imiter l'impéritie de certains jardiniers qui, avant de l'employer, la passent au crible fin, et par cette opération inopportune la privent d'abord d'une quantité de petites racines et de petites branches qui, destinées à se décomposer lentement, entretiennent longtemps, par leurs détritus successifs, la nourriture de la plante ; de plus, traitée ainsi, elle se sèche trop facilement dans les pots, où retient trop longtemps l'humidité : aussi l'un et l'autre de ces inconvénients doivent-ils être soigneusement évités.

Avant d'employer la terre de bruyère pour les rempotages, il est bon d'en briser les grosses mottes à coups de pioche, de maillet, ou, mieux encore, d'un petit fléau, pour en extraire les fortes racines et les pierres ; on passe à la claie, et on défait ensuite les petites mottes en les déchirant et les roulant entre les doigts. La terre, ainsi préparée, peut être employée tout de suite. On ne doit passer au crible que la terre qu'on destine aux boutures, aux marcottes et aux semis.

C'est ici qu'on peut nous demander s'il vaut mieux employer la terre de bruyère aussitôt extraite du bois, ou la laisser reposer longtemps en tas, à l'air libre, avant de s'en servir. Nous répondrons à cette question que l'expérience nous a déterminé à préférer le premier parti, parce que l'air, les pluies, les gelées, les vents, n'ayant pas encore exercé sur elle leur influence, toutes les parties organiques sont restées intactes, et, en se décomposant dans les pots successivement, ces corps communiquent aux végétaux vivants une nourriture substantielle et constante ; tandis que la terre exposée longtemps à toutes les intempéries atmosphériques se trouve soumise à une décomposition prématurée, c'est-à-dire à une perte de la plupart des corps organiques substantiels destinés à la nourriture des végétaux : en conséquence, cette terre ne peut être que de peu de durée. La première opinion est donc préférable.

§ 2. — *Des rempotages.*

La saison la plus favorable pour rempoter les Camellia est le printemps. Cette opération doit avoir lieu aussitôt après la floraison, avant que la séve ne commence à se mettre en activité, ce qui arrive à la fin de mars : on peut la pratiquer aussi en automne, ou même entre les deux séves, c'est-à-dire en juin et juillet ; elle se fait en transplantant l'arbrisseau dans d'autres pots d'environ 25 millim. plus larges, et plus profonds que les anciens. On saisit, pour cela, le moment où la motte de la plante est un peu sèche ; alors on la tire du pot, on en détache avec les doigts et, autant que possible, l'ancienne terre ; on extirpe avec précaution les racines mortes ou gâtées ; on place ensuite la plante dans un pot proportionné à sa force ; et, comme l'écoulement des eaux qui lui sont destinées est un des points les plus importants pour la santé future du végétal, il est essentiel que le fond du pot soit d'abord garni de plusieurs tessons, ou, mieux, de 4 à 5 millim. de gros sable ou gravier, qui empêche l'eau d'y séjourner ; ensuite on procède selon la coutume des rempotages ordinaires : nous ajouterons seulement que nous avons l'habitude de saupoudrer très-légèrement de chaux vive le tas de terre de bruyère que nous destinons aux rempotages, et une longue expérience nous a prouvé que ce corps minéral, sagement employé, active singulièrement les facultés végétatives de la terre avec laquelle il est incorporé.

Il arrive quelquefois que la motte d'un Camellia, à force

de le changer de pot ou de caisse, est devenue tellement démesurée, qu'il est essentiel de la diminuer, pour pouvoir la loger dans un récipient convenable. Cette opération est bonne, utile et nécessaire, mais elle doit être pratiquée lorsque la séve est en repos, c'est-à-dire ou avant la première pousse, en février, ou à la fin de la seconde, à la mi-octobre; à cette époque, on peut, par un temps sec, en secouant la terre, mettre les racines à nu s'il le faut, en ôter même quelques-unes, placer ensuite la plante dans une caisse plus petite que celle où elle était, mais en lui donnant une terre nouvelle. La plante ainsi traitée doit être mise à l'ombre pendant quelques jours, elle reprend ensuite sa première vigueur, et se mettra en bouton au printemps suivant.

Nous n'insistons pas sur la dimension des pots qu'il faut donner au Camellia, on sentira que c'est là une affaire de goût et d'expérience; mais nous devons répondre à une assertion peu fondée qui se représente souvent : quelques horticulteurs prétendent que cette plante, pour bien fleurir, demande à être gênée dans son vase; ces praticiens tombent, à cet égard, dans une erreur d'autant plus facile à réfuter, que les succès de ceux qui cultivent, soit en grands vases, soit en caisses, ou même en pleine terre, sont plus nombreux et plus faciles à vérifier. Deux seules raisons déterminent nos jardiniers commerçants à élever le Camellia dans de petits pots : la première, parce qu'ils y trouvent économie de place dans les serres, économie de terre pour les rempotages, et plus de facilité dans le maniement des plantes; la seconde, parce que forcés, dans leurs établissements, de confier les arrosements à des mains souvent novices et malhabiles, qui verseraient l'eau sans discrétion, ils éprouveraient de grandes pertes, par cette raison que les grands vases, conservant leur humidité beaucoup plus longtemps que les petits, se trouveraient bientôt veufs de leurs végétaux, sur qui l'effet d'une trop grande quantité d'eau ferait ce que fait, par une comparaison toute naturelle, une trop grande quantité d'aliments sur le corps humain, nous voulons dire une véritable indigestion, qui tuerait bientôt le Camellia, après avoir altéré et pourri ses racines, nageant dans une humidité trop dense, qu'elles ne peuvent plus absorber. Mais, comme avec un peu d'habileté, l'on peut éviter tous ces inconvénients, nul doute, et cela résulte des faits, nul doute, disons-nous, que le Camellia ne réussisse mieux dans un espace où ses racines peuvent s'étendre à leur aise, que dans un pot étroit, où elles se trouveront gênées et dans la nécessité de se replier sur elles-mêmes.

§ 3. — *Le Camellia se trouve-t-il mieux dans une caisse en bois ou dans un pot de terre ?*

Nous sommes convaincu, par les résultats heureux que nous obtenons à ce sujet, que la caisse est préférable au pot. 1º Le bois des caisses se met aisément au niveau de la température de l'air ambiant; en conséquence, la caisse conserve plus longtemps une douce humidité, qui convient à la santé du Camellia.

2º Le hâle, si fatal aux plantes, exerce avec plus de difficulté sa désastreuse action.

3º L'isolement de la caisse, produit par les pieds sur lesquels elle se trouve surmontée, empêche les vers de terre de s'y introduire.

4º Enfin la régularité de la caisse offre un coup d'œil plus agréable à la vue.

Nous ne saurions ajouter d'autres raisons que celles que nous offrent l'expérience et la comparaison. Tout le monde, en entrant dans nos serres, admire l'état vigoureux de nos Camellia, et tout le monde s'aperçoit de la différence qu'il existe entre ceux qui sont dans les caisses et ceux qui sont dans les pots.

Si l'on veut savoir notre manière d'opérer à cet égard, nous dirons que nous commençons à mettre, dans des caisses de 135 millimètres, des plantes qui ont environ 487 millim.

de haut ; nous les gardons dans cette caisse trois années con-
sécutives : tous les ans, au printemps , nous leur ôtons à la
surface deux doigts de terre , que nous remplaçons par autant
de nouvelle ; la quatrième année, nous les sortons de la
caisse, et après les avoir délivrées, autant que possible, de
l'ancienne terre , nous les passons dans d'autres caisses de
162 millim. ; ainsi de suite.

Aussitôt que le Camellia est rencaissé ou rempoté , il est
important de l'arroser abondamment, et même sur les feuilles,
avec la pomme de l'arrosoir , et de le remettre ensuite dans la
serre (lorsque, toutefois, cette opération a eu lieu aussitôt après
la floraison), dont la température doit être de 10 à 15 centigrades au-dessus de zéro, le jour, et de 10 à 13 la nuit ; car,
dans l'autre cas, il suffirait , après l'avoir arrosé , de le placer
à l'ombre pendant quelques jours : une plus forte chaleur
dans la serre, à cette époque, lui ferait émettre de longues
pousses étiolées, d'autant plus qu'en avril, la chaleur du soleil augmentant d'intensité chaque jour, il est indispensable
alors de couvrir les serres de toiles claires ou de légers paillassons, pendant tout le temps que les rayons du soleil frap-
pent les vitraux ; car, sans cette précaution, les jeunes
pousses et les feuilles seraient brûlées ou maculées.

§ 4. — *Des arrosements et de l'eau convenable à cette
opération.*

Il est un principe, en horticulture , que les végétaux exotiques, à feuilles persistantes, qui , dans nos serres , se trouvent en état de végétation presque non interrompue et plus ou
moins active , selon le milieu où ils se trouvent , ont besoin,
même en hiver, d'un certain degré d'humidité suffisante
pour fournir à l'alimentation des feuilles et des racines. Il
n'en est pas ainsi des plantes exotiques à feuilles caduques ;
ces plantes, tout le temps qu'elles sont en repos, n'ont presque pas besoin d'arrosement. Le Camellia, étant un végétal
à feuilles persistantes, aime une humidité, pour ainsi dire,

constante, surtout en été; les fréquents arrosements qu'on lui donne, dans les jours brûlants de cette saison, con- tribuent puissamment à ranimer et à soutenir sa belle végé- tation. Mais, la seconde pousse terminée, lorsque son bois nouveau est tout à fait aoûté, comme disent les jardiniers, à peu près vers le milieu du mois d'août, lorsque les boutons sont formés, alors, à partir de cette époque jusqu'à la florai- son prochaine, la distribution des arrosements devient difficile et demande beaucoup d'attention, car c'est en grande partie de ce soin bien dirigé que dépend la santé de la plante. Trop ou trop peu d'humidité produit les mêmes incon- vénients. Les racines sèchent ou pourrissent, toute la plante languit, les feuilles, les boutons se flétrissent et tombent, et enfin la plante meurt. La première étude est donc de savoir saisir un juste milieu entre l'humidité et la sécheresse, sur- tout pendant la durée du temps où le Camellia doit rester enfermé dans la serre.

Mais quelle est donc ce juste milieu qui convient au Ca- mellia? quelle est la quantité d'eau qu'il demande? à quelle heure du jour doit-on la lui donner? enfin quelle est l'eau qui lui est la plus propice? Toutes ces questions sont d'une grande importance et très-faciles à résoudre. Nous avons dit qu'en général le Camellia aime une humidité presque con- stante, mais cela ne veut pas dire qu'on doive lui donner une grande quantité d'eau à la fois; il est essentiel, seule- ment, de réitérer souvent les arrosements, afin d'entretenir toujours la terre dans un degré d'humidité suffisante pour maintenir la fermentation, mais pas assez dense pour la dé- truire; ce qui arriverait indubitablement, si l'eau était ver- sée avec trop d'abondance. Quant aux heures du jour les plus favorables pour arroser le Camellia, nous dirons qu'elles sont subordonnées aux saisons, et surtout à l'état de la température extérieure. En hiver, soit que les pâles et faibles rayons d'un rare soleil viennent réjouir la nature attristée, soit qu'elle en reste privée longtemps, comme c'est l'ordinaire, il faut, dans ces courtes journées, arroser cette plante entre neuf et dix heures du matin, afin que la terre ait le temps de se réchauffer, en permettant l'évaporation d'une partie de son humidité. Si on arrosait le Camellia le soir, la fraîcheur de la nuit, se joignant à celle de l'eau, arrêterait les progrès de la séve, aucune évaporation n'aurait lieu, et la chute des boutons pourrait être la conséquence d'une opération si intempestive. En été, au contraire, lorsque le Camellia est en plein air, on l'arrosera le soir, parce que l'eau contribuera à entretenir la fraîcheur de la terre pendant la nuit, et la plante, baignée dans cet humide milieu, réparera les effets absorbants de la chaleur du jour.

Mais il ne suffit pas toujours de mouiller les racines du Camellia. Quand la température de la serre se trouve sèche et trop élevée, ce qui arrive souvent dans les mois de mai et de juin (car notre avis est de laisser le Camellia dans la serre jusqu'à la fin de ce mois), les feuilles de cette plante ont besoin qu'on leur rende cette humidité salutaire, qu'elles trouveraient ordinairement, à cette époque, dans l'atmosphère extérieure et à l'ombre. On se sert alors d'une seringue ou d'une pompe à main, pour faire tomber, sur le feuillage du Camellia, de l'eau propre et tenue médiocrement fraîche, en forme de pluie très-fine. Ce mode d'arrosement, qui est si utile au Camellia lorsqu'il est dans la serre, au printemps avancé, est encore plus utile s'il est fréquemment employé en été, lorsque ce même arbrisseau se trouve exposé en plein air. Nous pensons même qu'à cette époque il est avantageux d'arroser le sol environnant, pour rendre à l'air une partie de son élasticité, et aux végétaux les vapeurs dont ils font leur nourriture aérienne.

Mais si les arrosements donnés à propos contribuent efficacement à la vigueur du Camellia, l'oubli prolongé des arrosements, je veux dire la sécheresse, produit des effets contraires. La sécheresse attaque cet arbrisseau dans ses racines, et, lorsque celles-ci en sont frappées, il n'y a plus moyen d'ar-

rêter les progrès du mal. La terre de bruyère, devenue trop
sèche, ne se prête plus à l'absorption de l'eau, ou, si elle en
permet le passage, ce sera sous la forme d'une infiltration, et
à l'endroit seul où l'eau ne trouvera pas d'obstacle et traver-
sera le pot sans imbiber les racines du végétal moribond. Le
Camellia, abandonné à la sécheresse, n'offre d'abord aucun
symptôme de souffrance, mais il se dépouille tout à coup de
son feuillage, le bois devient rabougri, les boutons tombent,
et la mort s'ensuit.

Pour le rappeler à la vie, si le mal n'est pas incurable, il
faut le rempoter à l'instant, lui donner une terre fraîche, le
rabattre court et le tenir sur une couche d'une chaleur mo-
dérée, sous un châssis, le priver d'air et de soleil en le mouil-
lant très-modérément, et seulement par degrés. Il faudra surtout bien se garder de le tremper dans l'eau avec la motte,
comme font quelques jardiniers ; cette transition rapide nui-
rait également à la plante et pourrait achever le mal que la
sécheresse avait commencé. Un autre moyen de le sauver est
de le livrer à la pleine terre, sous châssis, où il acquerra
plus promptement sa vigueur primitive.

Les eaux de fontaine, de puits, quand elles sont séléniteu-
ses ou calcaires, les eaux même de rivière, qui se chargent, dans
leur cours, de divers sels, si ceux-ci ne sont pas dissous par
l'action du soleil, sous l'influence duquel elles doivent rester
au moins vingt-quatre heures, sont nuisibles à la végétation
du Camellia.

Les eaux de pluie conviennent davantage à la santé de cette
plante ; n'étant point encore saturées de principes alcalins,
elles ont la propriété de dissoudre plus facilement les sels ter-
reux qu'elles contiennent, et qui sont propres à pénétrer dans
le tissu de la plante.

Mais les meilleures eaux pour le Camellia sont celles des
mares, exposées continuellement à l'influence du soleil et de
l'air : ces eaux, qui contiennent en abondance des principes
de nutrition, surtout quand elles se trouvent mêlées à des dé-

tritus de corps animaux et végétaux, qui leur fournissent une certaine quantité de carbone et d'azote, agissent d'une manière merveilleuse sur les organes voraces du Camellia ; mais ces eaux ne doivent être employées que l'été, et quand l'arbuste est exposé en plein air. En hiver, et dans la serre, on arrosera le Camellia avec de l'eau sans mélange, et qui aura séjourné, pendant quelques jours, dans un coin de la serre même.

§ 5. — *De la sortie du Camellia en plein air.*

L'époque de la sortie et de la rentrée du Camellia dans la serre, ainsi que l'exposition qu'on lui donne pendant l'été, influent puissamment sur le bon ou mauvais état de sa santé pendant l'hiver. L'expérience de plusieurs années nous prouve que l'époque à laquelle on doit le sortir est celle où il a complétement achevé sa première pousse, où le bois nouveau est aoûté, et où les boutons ont tout à fait paru, ce qui arrive ordinairement à la fin de juin. Le Camellia n'aime pas le grand soleil, il se plaît à l'ombre, dans le milieu d'un air libre, doué d'élasticité et de fraîcheur. L'exposition du nord, où les premiers rayons du soleil naissant viennent le caresser, est celle qui lui convient le mieux ; et, en effet, placé au soleil, la formation de ses boutons se fait trop promptement, et la floraison est moins belle, quand même elle ne reste pas incomplète. Les précautions à prendre, lors de sa sortie, sont les mêmes qu'on emploie pour toutes les plantes de serre ; la plus importante est un abri à l'ombre, et bien aéré ; les abris les plus avantageux pour le Camellia sont, ou les haies vives, les charmilles, ou des lignes de Thuya d'Orient, espacées de 2 mèt. 1/3 à 3 mèt. l'une de l'autre. Ces dernières ont l'avantage d'offrir, par leur feuillage toujours vert et rapproché au moyen de la taille en éventail, une épaisseur convenable, beaucoup de solidité, en même temps que de vie et de beauté. Avec un tel abri, on n'a à redouter, ni la force des rayons solaires, ni les orages , ni les vents pernicieux, ni quelquefois même les ravages de la grêle.

Nous avons l'habitude de laisser le Camellia profiter de ces abris jusqu'à la fin d'août. Dans les premiers jours de septembre , cette plante doit être exposée à l'influence du soleil pendant une grande partie de la matinée, à peu près jusqu'à midi, et rester ainsi jusqu'au moment de sa rentrée dans la serre. Cette exposition chaude affermira les derniers efforts de la végétation et consolidera les boutons, joie et récompense des soins qu'il coûte à l'horticulteur.

Rentrée. — Les grandes pluies de l'automne, qui sont froides et fréquentes, énervent le Camellia et s'opposent toujours au succès de sa floraison ; ce sera, en conséquence, se conformer aux principes de la bonne culture que de le rentrer aussitôt que le temps pluvieux persiste à se montrer, d'autant plus que les nuits devenues fraîches, et les jours étant encore assez chauds, cette différence remarquable de température, entre le jour et la nuit, peut devenir nuisible à l'arbuste et doit déterminer l'amateur à rentrer le Camellia dès les premiers jours d'octobre au plus tard , et toujours choisir, pour effectuer cette opération, le plus beau temps possible.

§ 6. — *Manière d'abriter du soleil les Camellia renfermés dans la serre.*

Nous avons l'habitude de garder en serre les Camellia jusqu'à la fin de juin, et cela pour deux raisons que l'expérience confirme : 1º par ce moyen, le Camellia étant à l'abri des variations atmosphériques de la saison printanière, ses jeunes pousses se développent naturellement sans interruption, et forment un bois parfait ; 2º les boutons à fleur, qui se forment dès que le bois s'aoûte, se consolident mieux, et ne sont plus susceptibles de tomber au moment de se gonfler pour fleurir.

La principale difficulté est de préserver cette plante constamment du grand soleil, à partir du 1ᵉʳ mars jusqu'à sa sortie, par des moyens faciles, qui ne la privent pas des bienfaits de la lumière, et qui n'exigent pas à tout instant la présence du jardinier, tels que les toiles, les grillages, les paillassons, etc. Voici un moyen simple, facile, infaillible et économique que nous employons tous les ans. Il consiste à peindre ou à barbouiller, aux premiers jours de mars, intérieurement les carreaux de la serre avec du blanc d'Espagne délayé dans de l'eau mêlée avec un peu de colle de farine. La colle n'a d'autre but que de fixer plus solidement la couleur. Lorsque les Camellia sont sortis, on lave cette peinture avec une éponge ; ces deux opérations sont l'affaire d'un moment. On ne saurait croire les bons effets que produit cette douce lumière, la brillante végétation qu'elle favorise, le beau vert qu'elle donne au feuillage, la tranquillité qu'elle assure et les malheurs irréparables qu'elle empêche.

§ 7. — *Des serres propres au Camellia.*

Le Camellia étant un arbrisseau rustique, il prospère assez bien dans toutes les serres ; mais, pour que sa floraison soit belle et abondante, il faut le tenir dans une serre médiocrement élevée, et le placer le plus près possible de la lumière. Les individus doués d'une certaine force, et qui dépassent 2 à 3 mètres de hauteur, fleurissent partout, s'ils ne sont pas contrariés par des circonstances accidentelles, telles que celles que nous exposerons plus bas. Mais les jeunes plantes, celles nouvellement sevrées, ou qui n'ont que 3 à 4 décim. de haut, espèces délicates et rares, demandent une vive lumière pour bien fleurir. Il est vrai que cette position offre aussi des inconvénients assez graves, entre autres les coups du soleil du printemps, qui, d'un moment à l'autre, peuvent frapper une plante, la brûler et en altérer la santé. Mais on peut prevenir ces accidents en tendant tous les jours, vers huit à neuf heures du matin, des toiles claires sur les vitraux, et en les retirant aussitôt que le soleil disparaît, ou en adoptant le moyen simple et facile de la peinture que nous venons d'indiquer plus haut.

Pour répondre au désir que nous ont manifesté quelques amateurs, nous tracerons ici les dimensions d'une serre à Camellia et nous dirons un mot sur sa disposition intérieure :

Longueur indéterminée, mais pas moindre de 15 mètres sur 5 de large ; hauteur, de même, 5 mètres sur 2 ; placée au niveau du sol, et non enfoncée à quelques décimètres en terre, comme celle des marchands.

Intérieur : Un gradin de 1 mètre et 300 millimètres de large, adossé contre le mur du fond ; une allée de 800 millimètres de large, qui fasse le tour de la serre, en embrassant, dans son milieu, un second gradin de la même dimension et en face du premier ; une tablette de 650 millimètres de large sur le devant, pour placer les petites plantes. Voilà une disposition favorable à la santé des végétaux, commode pour le service du jardinier, et agréable à la vue du maître. On peut, à la place du second gradin, établir une plate-bande pour y livrer à la pleine terre un certain nombre de Camellia ; on aura soin alors de les mettre en quinconce, et à la distance d'un mètre l'un de l'autre.

Celle-ci est certainement une bonne serre économique, à la portée de tout le monde, utile et même agréable, mais ce n'est pas une serre modèle : celle que nous appelons de ce nom, qui réunit toutes les conditions requises pour le bien-être des Camellia d'une grande dimension, c'est la serre dite *chinoise* ou *hollandaise*, à deux toits ou pans égaux et vitrés, bâtie sur un mur de pourtour d'un mètre d'élévation et vitrée de tous côtés.

Voici ses dimensions :

Longueur indéterminée, mais large au moins de 7 mètres et élevée intérieurement sur le milieu également de 7 mètres.

Une serre ainsi construite réunit une infinité d'avantages.
L'immense quantité de lumière qui circule dans ce bâtiment
frappe les plantes de tous côtés indistinctement, détermine
la séve à se porter également tout autour d'elles ; la végétation n'est nulle part gênée, et l'arbrisseau se trouve garni
également de branches latérales dans tous les sens. On pourra
nous objecter qu'elle présente aussi plus de difficultés à éloigner la gelée et les coups de soleil ; mais aussi quelle com-
pensation sous le triple rapport de la salubrité qu'elle pro-
cure aux végétaux, de la quantité de plantes qu'elle contient
et du coup d'œil magnifique qu'offrent les Camellia lorsqu'ils
sont en pleine floraison? Amateurs, pesez bien mes réflexions,
et vous ne tarderez pas à exécuter le plan que nous indiquons.

La serre à Camellia doit être garnie, comme les autres serres
ordinaires, d'un poêle, ou fourneau, bien construit en ma-
çonnerie, ainsi que les tuyaux, qui seront en terre cuite, d'une
forme ronde, ou en fer fondu, ou même en tôle épaisse.

Ce fourneau, placé dans l'intérieur de la serre, sera appuyé
contre une des murailles internes, celle de devant, le plus
ordinairement. Sa porte doit donner ou en dehors ou dans
un cabinet construit à cet effet, et séparé de la serre par un
moyen quelconque, afin qu'en allumant le feu la fumée ne
puisse pas y pénétrer. On ne saurait croire combien est nécessaire la stricte observance de ces indications.

L'article suivant va nous l'apprendre en détail.

§ 8. — *Précautions à prendre pour la conduite des fourneaux.*

Une foule de précautions sont nécessaires dans la conduite
des fourneaux. Sans parler des résultats funestes que le feu
cause souvent dans les serres, c'est-à-dire l'incendie dont tant
d'amateurs sont la victime, ceux produits par la fumée n'en

sont pas moins irréparables. On mettra donc toute sorte de soins pour que le fourneau soit solidement construit, pour que les tuyaux joignent parfaitement entre eux, afin que la fumée ne trouve pas d'obstacles. Ce n'est pas par un beau temps froid que vous éprouverez des contrariétés, mais, dans certains jours humides, lorsque la température extérieure se dispose à changer. Par ce temps, on a beaucoup de peine à allumer le fourneau, et, cependant, il faut faire du feu, car la température peut changer pendant la nuit et vous ame-ner une forte gelée. Pour ces cas il faut avoir un poêle de rappel, qui sera placé en dehors, à l'extrémité de la serre, à l'encoignure des tuyaux. On ne fera qu'allumer ce petit poêle avec quelques copeaux, cela suffit pour donner du tir au grand fourneau de la serre. Cet objet est de la plus grande importance.

Amateurs, si vous aimez vos Camellia, ne vous fiez pas à vos jardiniers, visitez vous-mêmes vos serres le soir, faites attention à tout ce qui concerne le feu, examinez si les tuyaux joignent bien, si la terre ou le plâtre qui les retient ne s'est pas détaché, car souvent le feu de quelques jours les fait tomber, souvent l'humidité intérieure causée par le bistre retient la fumée, et la fait rétrograder, surtout si l'atmosphère extérieure est pesante. Rappelez-vous que la moindre fumée, sur les Camellia, produit des effets sinistres ; elle attaque leurs feuilles, contrarie leur sève, et l'empoisonne ; les bou-tons tombent, et la plante souffre souvent sans remède. Rappelez-vous, enfin, que le feu continu des poêles dessèche l'air intérieur, lui ôte son élasticité, et le Camellia, se trouvant privé de cette nourriture aérienne, si nécessaire à la végéta-tion, languit d'abord, et, à la longue, s'il n'est pas secouru promptement, succombe et périt.

§ 9. — *Moyen de remplacer tous ces inconvénients par des avantages réels.*

L'amateur qui veut vivre tranquille sur le sort de ses Camellia, et les voir prospérer sans crainte ni danger, doit remplacer le fourneau ou poêle ordinaire, par un appareil de chauffage par l'eau chaude, dit *thermosiphon*. Cet appareil, très-simple dans sa construction, d'une manœuvre facile, n'offrant aucun des dangers d'une machine à vapeur, peut élever la température d'une serre à 20, 30, 60 centigrades, en produisant ce degré de chaleur humide que nous croyons si favorable aux Camellia. Un appareil de cette nature ayant doubles tuyaux en zinc, de la longueur de 15 mètres, coûte 70 fr.; une chaudière en fer fondu, contenant deux voies d'eau, 50 fr.; un petit fourneau en briques, 25 fr.; menus frais, 10 fr. : total, 155 fr.

Mais, comme le zinc n'est pas de longue durée, nous engageons les amateurs à faire une dépense un peu plus forte, c'est d'employer le cuivre à la place du zinc, et nous indiquons un habile mécanicien, fort honnête homme, M. Gervais, rue Saint-Jacques, n° 135, qui fournit un calorifère à doubles tuyaux de 15 mètres de long sur 9 centimètres de large, le tout en cuivre, pour le prix de 380 fr., y compris la pose et autres menus frais; et il en garantit le succès.

Les avantages de cet appareil sont incalculables; indépendamment de l'économie de combustible, de la prolongation beaucoup plus considérable de la chaleur produite, de la sécurité, du non-desséchement de l'air dans les serres, l'appareil thermosiphon ne produit jamais de fumée, dont les dégâts, comme nous l'avons dit plus haut, sont sans remède. Il est vrai que la vapeur humide concentrée peut devenir nuisible aux Camellias qui la reçoivent si elle est trop abondante, et si elle y demeure trop longtemps. On s'en aperçoit de suite en regardant au plafond de la serre, aux vitraux, aux murailles où elle s'attache, et, s'il y a excès, on s'en débarrasse promptement lorsque l'atmosphère extérieure le permet, en ouvrant quelques panneaux ou les portes de la serre, et en allumant, en même temps, le fourneau pour tempérer ainsi l'air nouveau qu'on y introduit par les ouvertures indiquées. Si ce moyen est impraticable à cause de l'intensité du froid, on pourra alors essuyer, avec des torchons secs attachés à un bâton, les endroits où l'humidité se trouve condensée sous la forme de gouttelettes.

Les amateurs qui n'emploient pas le thermosiphon, et qui se servent encore du fourneau ordinaire, feront attention, lorsqu'ils sont obligés d'entretenir le feu pendant quelque temps à cause du froid, feront attention, dis-je, au desséchement de la terre des pots ou caisses ; ils n'oublieront pas d'arroser les Camellia qui se trouvent près du feu, comme les autres, s'il y a lieu ; car la sécheresse pourrait les atteindre, et y causer, comme nous l'avons démontré, des désastres irréparables et certains.

§ 10. — De l'air et de la température des serres.

L'air étant un des éléments les plus indispensables à la prospérité des plantes, il faut qu'il soit tempéré et qu'il circule librement dans les serres. Un air vif, sec et froid nuit au Camellia ; un air humide et chaud favorise sa végétation. Un thermomètre, placé dans l'intérieur, doit donc régler la température de la serre ; et, quoique le Camellia puisse supporter quelques degrés de froid sans souffrir, cependant, pour amener à bien sa floraison, il lui faut une température constante de 8 à 9 centigr. de chaleur.

Tant que l'atmosphère extérieure est à peu près à ces degrés, ce que doit indiquer un bon thermomètre placé au nord, dans le jardin, les portes et les panneaux de la serre peuvent rester ouverts ; mais on aura soin de les fermer aussitôt que la chaleur extérieure marquera seulement 6 ou 7 centigrades au-dessus du point de congélation.

Il est bon aussi d'aérer les Camellia une fois tous les matins, même dans les jours un peu froids, si le soleil est à l'horizon.

Les feuilles du Camellia offrant une surface assez large, luisante, poreuse et un peu humide, elles attirent la poussière qui circule incessamment dans la serre et en sont bientôt couvertes; ce corps étranger les empêche d'exercer leurs fonctions absorbantes, ou, pour mieux dire, il obstrue les organes (pores) qui sont destinés à aspirer les gaz nourriciers qui les environnent, comme aussi à l'expiration de ceux qu'ils servent à dégager : il faut donc de temps à autre, pendant l'hiver, débarrasser le Camellia de la poussière qui le couvre. Voici plusieurs manières d'opérer :

Quelques personnes lavent les feuilles avec une petite éponge; mais, outre que l'éponge, si elle n'est pas continuellement lavée elle-même, absorbe la poussière des feuilles levées, et la communique de nouveau à celles sur lesquelles on la passe, cette éponge laisse un peu d'humidité qui attirera bientôt de nouvelle poussière.

Le moyen le plus utile est de se servir d'un petit linge fin et sec, et d'en frotter les feuilles légèrement et avec précaution : elles acquièrent à l'instant tout leur luisant naturel, et offrent de nouveau un aspect de vigueur et de santé.

Pendant que le Camellia est en serre, et même en plein air, une mousse assez épaisse, qui souvent provient de la qualité de l'eau qu'on emploie dans les arrosements, tapisse la partie supérieure de la motte. Il faut, soit à la sortie, soit à la rentrée des plantes, enlever soigneusement cette mousse, ôtant de la surface du pot autant de terre que l'on pourra, et la remplacer par d'autre nouvelle qui ranimera l'ancienne et vivifiera la plante.

§ 11. — *Des insectes nuisibles au Camellia.*

Le Camellia est attaqué, soit en plein air, soit dans les serres, par plusieurs petits insectes, qui sont les pucerons, les fourmis, les punaises, les kermès, les cochenilles, etc.

Il n'est pas aisé de détruire ces divers insectes, et les procédés que nous allons iudiquer demandent beaucoup de soins et d'attention.

Les pucerons se développent dans les premiers jours de printemps, ils s'emparent des pousses les plus tendres, les couvrent avec une telle abondance, qu'il semblerait que les bourgeons sur lesquels ils se trouvent ont entièrement changé de couleur ; pompant incessamment la séve abondante dont ces jeunes rameaux sont remplis, ceux-ci languissent, leurs feuilles avortent, et bientôt ils meurent, si la main de l'homme, les pluies ou certains vents secourables ne viennent à propos les débarrasser. On tue bien ces insectes en brûlant du tabac dans la serre, ou en lavant les branches infectées avec une solution de savon noir, ou, mieux encore, en les écrasant soigneusement avec les doigts.

Viennent ensuite les fourmis : quoiqu'on dise qu'elles ne vivent qu'aux dépens des premiers, nous croyons être certain qu'elles se nourrissent aussi des pousses tendres du Camellia, leur nombreuse progéniture est d'ailleurs incommode, partout où elle se montre, par les dégâts qu'elle cause, quand, par exemple, elle niche dans les vases mêmes du Camellia. On se débarrasse de ces insectes en les attirant dans de petites fioles remplies d'eau saturée de miel, où ils accourent en grand nombre et se noient.

Outre ces deux genres d'insectes, il y a encore les kermès (vulgairement la punaise des orangers, que l'on rencontre sur la surface des feuilles et même sur les bois des jeunes branches) et les cochenilles, qui s'attachent au collet des pousses nouvelles, dans les aisselles des jeunes feuilles, et en sucent toute la séve. On remédiera à ces graves inconvénients en visitant souvent le Camellia, le matin de bonne heure; on écrasera ces insectes avec un petit morceau de bois plat.

Les vers de terre (lombrics) s'introduisent aussi facilement dans les pots, inquiètent les racines et décomposent la terre; la manière de les empêcher d'entrer consiste à mettre un morceau d'ardoise sous chaque pot, ou à placer l'arbuste sur des planches, ou bien sur une couche de deux ou trois pouces d'épaisseur de gravier fin ou de sable de rivière, ou sur une pincée de verre pilé.

Lorsque les vers sont dans la motte de la plante et qu'on ne peut pas les extirper en la retirant du pot, on les oblige à sortir en arrosant les racines une ou deux fois avec une légère décoction de tabac. Nous avons employé avec succès une solution très-légère de chaux vive; mais ce moyen, que nous ne conseillons qu'en désespoir de cause, s'il n'est administré avec beaucoup de précaution et de mesure, détruit complétement les organes inférieurs de la plante, qui se trouve perdue sans ressource.

§ 12. — *Floraison du Camellia; manière de la forcer.*

L'époque naturelle de la floraison du Camellia est ordinairement depuis le mois de décembre jusqu'à la fin de mars. Cependant, si, par une culture artificielle à laquelle il se prête facilement, on veut bien calculer les phases de sa végétation et en suivre la marche, on peut voir successivement des plantes en fleur depuis le commencement de septembre jusqu'à la fin d'avril. Nous allons indiquer le meilleur procédé à suivre pour réussir dans cette culture extra-naturelle.

Lorsqu'on voudra le faire fleurir en septembre, sa végétation devra alors être excitée au moins un mois plus tôt qu'à l'ordinaire. A cet effet, dès le mois de février, les plantes qui n'ont pas de boutons à fleurs et qui sont bien portantes seront choisies et rempotées d'après les principes indiqués plus haut, si elles en ont besoin, et poussées à la chaleur, afin qu'elles puissent, par ce moyen artificiel, se mettre promptement en séve et achever leur première pousse un mois plus tôt que de coutume ; on les sortira ensuite de la serre à la fin de mai, au lieu de ne le faire qu'à la fin de juin, et on leur donnera une exposition moins abritée que de coutume. En avril, les plantes qui marqueront fleurs seront rentrées dans une serre aérée le jour et fermée la nuit, protégées contre les rayons solaires au moyen de toiles ou de légers paillassons et entretenues dans une atmosphère toujours tempérée et égale. A mesure que la température extérieure diminuera, on aura soin d'élever celle de l'intérieur. Par cette culture bien dirigée, on obtiendra de belles et abondantes fleurs dès le mois de septembre. On peut encore, vers la fin de ce mois, mettre les plantes prêtes à fleurir sur une couche tiède et couverte d'un châssis, en ayant soin de les ombrager et de leur donner de l'air le jour. Ces plantes, ainsi traitées, continueront à fleurir successivement.

Lorsqu'on voudra retarder la floraison du Camellia, toutes les opérations que nous avons indiquées ne seront entreprises qu'un mois plus tard, pour les faire fleurir naturellement : de plus, par le moyen artificiel d'une atmosphère moins élevée, mais constamment égale, on parviendra de même à retarder de quelques semaines le développement des fleurs.

§ 13. — *Quelles qualités doit avoir un Camellia pour être reconnu beau dans toutes ses parties ?*

Nous aurions de la peine à établir une règle à ce sujet, et, quoiqu'il soit vrai que la beauté est une qualité réelle, positive et généralement sentie, cependant, en fait de belle nature, en fait de fleurs, la beauté dépend des goûts et des caprices des hommes.

Les botanistes, par exemple, ne reconnaissent que la nature sans altération ni mélange quelconques; ils regardent comme des monstruosités les fleurs que les jardiniers proposent comme modèles de beauté; ils disent que la nature est en défaut et criminelle même, lorsqu'elle engendre de telles productions, et non en progrès; ainsi, pour eux, la fleur la plus appréciée est celle qui, entourée du voile le plus simple, étale à leurs yeux toutes ses parties sexuelles et les présente en état parfait.

Les amateurs aiment une corolle régulière, arrondie, dépourvue d'organes sexuels, et ceux-ci remplacés par des rangs multipliés de pétales, tous très-bien imbriqués, et dont la dimension aille en augmentant par degrés et toujours régulièrement du centre à la circonférence, en décrivant une espèce de rosace écaillée comme le dos d'un poisson, *à cœur déprimé* comme le *blanc double ancien*, ou l'*imbricata rubra*.

Les peintres, au contraire, préfèrent une corolle bien faite, il est vrai, mais composée de plusieurs pièces dissemblables, c'est-à-dire de pétales inégaux, une corolle qui, sous une forme irrégulière et bizarre, offre à leur imagination une foule de désordres et d'accidents naturels; telles sont les fleurs des C. *Pomponia plena, Preston eclipse.*

Pour nous un beau Camellia est celui qui réunit le plus grand nombre de qualités possibles.

Un port régulier, une végétation vigoureuse, une tige droite et branchue, un large feuillage presque horizontalement placé, à surface plane, d'un vert obscur, un arbre qui se met à bouton abondamment tous les ans, qui les garde solidement, qui les développe presque tous naturellement en petit nombre à la fois, qui donne une fleur bien organisée, grande ou petite, et l'une et l'autre ont leur mérite, mais régulière quant à la circonférence, d'une forme en coupe, évasée ou étalée, c'est égal, mais à pétales extérieurs imbriqués avec grâce, formant, avec ceux du centre, un ensemble uniforme, soit à cœur déprimé, soit à cœur relevé, en boule, ou en pompon ; toutes ces formes nous paraissent également séduisantes. L'absence des organes sexuels est essentielle à la beauté que nous estimons ; les modèles que nous offrons sont les *Leana superba*, le *Derbyana*.

Nous ne nous prononçons pas sur la qualité des couleurs : toutes les nuances, tous les accidents, toutes les bizarreries que nous accorde la nature aidée par l'art, nous les admettons avec une égale appréciation.

C'est ici le lieu de répondre à une question qu'on nous fait à tout instant, c'est-à-dire s'il y a des Camellia odorants.

Nous avons dit que la fleur du Camellia est inodore, c'est là un des caractères négatifs de sa nature, et cette abstraction d'une qualité essentielle est tellement reconnue, que le vulgaire vous répète à chaque instant : Quel dommage que le Camellia n'ait pas l'odeur de la rose ! Mais, à cette règle générale, il y a exception réelle, constante et que les gens les plus incrédules peuvent constater. Plusieurs variétés, dont une même ancienne, le *myrtifolia*, introduite en Europe en 1808, offrent une odeur suave, douce et délicate, qui ressemble à un mélange de l'odeur de la fleur d'orange et de l'acacia ; mais cette odeur ne se développe que lorsque la plante est exposée au soleil, où qu'elle vient d'être frappée récemment de cet astre bienfaisant. Les *Colvilii*, *Punctata major*, *Nannetiana nova alba*, et autres, participent de cette qualité remarquable.

§ 14. — *Y a-t-il un moyen de déterminer une plante à augmenter la dimension de ses fleurs?*

Quelquefois une culture trop soignée, au lieu de contribuer à améliorer la floraison, produit un effet contraire.

Lorsqu'un Camellia, en état de luxuriante prospérité, se couvre de boutons, il a besoin d'être soigné plus que ceux qui se trouvent dans un état de végétation ordinaire. La moindre altération dans son système végétatif peut faire, ou tomber les boutons, ou avorter les fleurs.

La pratique nous a indiqué que, pour amener ce Camellia à compléter sa floraison, il faut le soutenir par des arrosements modérés à la vérité, mais continus, même en hiver; le tenir dans l'endroit le plus éclairé de la serre, à une température la plus égale possible, et ne le changer jamais de place avant sa floraison.

Pour le déterminer à augmenter la dimension de ses fleurs, nous avons l'habitude d'employer deux moyens; le premier consiste à diminuer le nombre de ses boutons : ceux qui restent, étant plus nourris, se développent avec plus d'aisance.

Le second, si c'est une variété simple, semi-double, et même double, nous lui supprimons les organes sexuels apparents; les sucs nutritifs qui doivent concourir au développement des organes supprimés se portent dans les parties correspondantes de la corolle, car ce redoublement de nourriture contribue à lui donner une dimension plus considérable.

§ 15. — *Pourquoi certains Camellia bien portans refusent-ils de fleurir ?*

L'expérience nous offre plusieurs motifs dont deux seuls nous paraissent bien fondés, ou parce que la plante est trop vigoureuse, ou parce qu'elle elle est trop jeune.

En premier lieu, lorsqu'une plante douée de toutes les conditions requises refuse de se mettre à bouton, nous la contrarions dans le cours de sa végétation en la rempotant au commencement de sa pousse et en diminuant le volume de sa motte. La sève, ainsi contrariée, se déplace et se porte vers les branches à boutons.

Nous disons en second lieu qu'une plante refuse de fleurir parce qu'elle est trop jeune, et voici ce que nous entendons par ces mots *trop jeune.*

Les Camellia obtenus de semences en Europe, n'ayant pas encore acquis un certain degré de force et de solidité, fleurissent peu et toujours en raison directe de l'âge qu'ils acquièrent. Nous avons observé, par exemple, que les Camellia d'origine japonaise et chinoise, tels que le *rouge*, le *panaché et autres* anciens, dont l'âge est devenu séculaire, portent des boutons indistinctement sur toutes les branches; le sommet, principalement, en est garni plus que les branches inférieures; et, soit de boutures, soit de greffes, soit de marcottes, toute multiplication provenant d'une plante âgée fleurit plus abondamment et plus facilement que toute plante de graine qui n'a que quelques années d'existence, et ses fleurs sont alors d'une dimension plus complète. Celle-ci, au contraire, donnera quelque fleur, il est vrai, à l'âge de 10, 12 ans, et quelquefois beaucoup plus tôt par le moyen de la greffe ; mais elle n'en produira en abondance qu'au fur et à mesure qu'elle vieillit, et c'est surtout près du pied, sur les branches inférieures, que les boutons se montrent les premiers, sont plus robustes, et leur quantité diminue à mesure qu'on monte vers l'extrémité supérieure.

§ 16. — *Moyens d'empêcher les boutons de tomber.*

Pour prévenir la chute des boutons, espoir légitime de l'horticulteur, et pour amener le Camellia à fleurir tous les ans en abondance, il faut soigner constamment et d'une manière spéciale sa culture depuis le rempotage jusqu'à l'épanouissement des fleurs. Nous ne reviendrons pas sur la manière de le rempoter, mais nous dirons : 1° qu'il est indispensable, immédiatement après cette opération, de tenir le Camellia à la température de 15 à 18° centigrades le jour et de 13 à 15 la nuit; 2° qu'aussitôt que les jeunes pousses ont terminé tout leur développement, pendant qu'elles sont encore à l'état herbacé, il faut augmenter la chaleur de la serre et la porter de 16 à 20° le jour et de 15 à 18 la nuit. Cette augmentation de température détermine les boutons à paraître avec plus de facilité, d'abondance et de vigueur. Nous avons observé que, si l'on ne vient pas au secours de la nature par une augmentation artificielle de chaleur à cette époque, les nouvelles pousses, abandonnées à une trop basse température, s'arrêtent tout à coup et s'endurcissent avant leur *aoûtement* naturel. Dans cette conjoncture, la sortie des boutons, devenue plus difficile en raison de la dureté du bois, ne s'effectue que plus tard ; souvent ils sont, par cette raison, peu abondants et même incomplets : aussi, au premier changement atmosphérique, les boutons ne manquent-ils pas de tomber. On pourrait croire que ce funeste inconvénient provient de ce qu'ils ne reçoivent plus cette nourriture laiteuse des pousses herbacées, qui contribue puissamment à les fixer, dès leur apparition, à la branche qu'ils doivent plus tard décorer.

Lorsque les boutons sont entièrement formés (ce qui arrive, comme nous l'avons dit, environ trois semaines après la fin de la première pousse), on aura soin de diminuer graduellement la chaleur de la serre jusqu'à l'époque de la sortie des plantes en plein air ; ce qui doit avoir lieu vers la fin de juin.

Enfin, placé à son exposition d'été, le Camellia demande l'exécution la plus stricte des soins indiqués dans le § 5.

Mais ces mêmes soins, convenablement dirigés, ne suffiraient pas encore pour empêcher la chute des boutons, si l'on négligeait d'entretenir la plante dans *une température toujours égale* entre 9 à 10° centigrades le jour, et 6 à 7 la nuit, depuis le 1er octobre jusqu'à la fin de mars. Nous appuyons à dessein sur cette expression de température toujours égale, parce qu'en effet, quand bien même on tiendrait le Camellia, pendant la saison rigoureuse, toujours entre 2 ou 3° centigrades seulement au-dessus de zéro, en permettant toutefois à l'atmosphère extérieure d'augmenter la chaleur, ou bien encore, si la température de la serre était toujours entre 12 à

15° centigrades, cette double différence, restant constamment
la même, ne saurait, dans les deux cas, nuire à la floraison.
Dans le premier seulement, elle sera plus tardive, et plus précoce dans le second ; mais si, dans cette dernière hypothèse, la
chaleur artificielle est, par instants, trop violente par l'action
d'un foyer mal dirigé, la plante fleurit bien, il est vrai ; mais,
n'ayant pas joui d'une température constamment uniforme,
dans la serre, jusqu'à la saison de sa sortie ordinaire, elle
languit, se dépouille après la floraison, et souvent il n'est
plus au pouvoir de l'horticulteur de remédier au mal ; elle
périt sans ressource. Tel est le sort des Camellia forcés, destinés à décorer nos salons d'hiver, et à fournir le tribut de
leurs brillantes fleurs dans les réunions du grand monde.

Une égalité de température est donc essentielle pour la
conservation des boutons. Son changement trop subit dû soit
à l'introduction instantanée d'un air trop froid dans la serre
au moment où la température y est à 12° centigrades d'élévation, soit à une chaleur trop élevée, de 14 à 16, introduite
trop rapidement lorsque le thermomètre y marque zéro, ces
deux transitions subites et violentes produisent les mêmes résultats, la chute des boutons ; la raison nous en paraît évi-
dente.

Lorsque les boutons sont près de s'épanouir, une chaleur
douce et continue les fait avancer rapidement (la végétation du
Camellia n'ayant lieu alors que dans cette partie de son individu). Si donc, à une excessive élévation d'atmosphère, on fait
succéder tout à coup un abaissement considérable de calorique, la sève, saisie par ce brusque changement, s'arrête ; les
boutons, ne recevant plus une nourriture aussi abondante
qu'auparavant, se dessèchent et tombent.

Un physiologiste ne remarquera pas sans intérêt avec combien de puissance la chaleur et le froid agissent instantané-
ment sur les boutons, lorsqu'ils sont parvenus à un certain
degré de développement. La différence la plus légère dans la

température du milieu qu'ils occupent les affecte considérablement.

On ne saurait donc trop insister sur la nécessité de tenir, en hiver, la température de la serre toujours à peu près au même degré d'élévation. Au printemps, cette régularité est moins nécessaire, parce qu'il n'y a plus à craindre de transitions aussi brusques, et que la chaleur solaire augmente chaque jour davantage ; mais en hiver, les variations atmosphériques étant si fréquentes et instantanées, et la vie des plantes n'étant confiée qu'à des moyens artificiels, on conçoit facilement que la plus grande surveillance devient nécessaire pour diriger, selon les circonstances, la température qu'elles demandent.

Pour agir d'après ces sages principes, il est donc important d'avoir un ou deux thermomètres dans la serre, placés l'un sur le mur de derrière et l'autre sur le devant, et de les observer attentivement plusieurs fois tous les jours. Lorsque le thermomètre est à 4° centigrades seulement au dessus de zéro, fermez les portes et les panneaux de la serre ; si, malgré cette précaution, le thermomètre ne marque pas une chaleur convenable, allumez doucement le fourneau, mais n'élevez pas trop haut ni trop subitement la température inférieure ; 4 ou 5° centigrades de chaleur constante valent mieux que 10 passagers et interrompus. N'ouvrez plus vos portes que lorsque l'air extérieur est aux degrés convenables ou lorsque le soleil frappe les vitraux supérieurs de la serre, et que la chaleur interne s'y trouve à 10 ou 12° centigrades d'élévation. Souvenez-vous que la plante est comme une horloge qui a besoin d'être remontée tous les jours par degrés et non par saccades.

Nous avons vu une fois tomber, en quarante-huit heures de temps, les boutons d'une centaine de beaux Camellia renfermés dans une serre, et cela pour avoir fait succéder brusquement à 14° centigrades de chaleur, auxquels ces plantes étaient habituées depuis quelques jours, une température de 4° centigrades au-dessus de zéro. Nous concevons fort bien qu'un

changement si extraordinaire de température puisse désor-
ganiser la marche ascendante de la séve et causer de si funestes conséquences.

Enfin, pour empêcher les boutons de tomber, il y a encore
un moyen très-simple, dont nous devons la connaissance à
feu Cels, et que nous avons employé souvent avec succès. Ce
moyen consiste à placer le Camellia chargé de boutons sur
une couche tempérée de 1 m. 40 cent. de largeur sur 960 mil.
de profondeur, de le couvrir d'un châssis vitré, d'entourer le
coffre, à l'extérieur seulement, de réchauds, de fumier neuf de
cheval ou de feuilles sèches bien entassées. On se gardera bien
de mettre du fumier dans l'intérieur de la couche, car l'évaporation produite par ce corps renfermé nuit à la floraison. On
traite alors les Camellia placés dans la couche de la même manière que ceux de la serre, c'est-à-dire qu'il faut leur donner
de l'air toutes les fois que l'atmosphère extérieure le permet,
les couvrir de paillassons la nuit ; s'il gèle, on double les
couvertures, et on les laisse couverts jusqu'au dégel complet :
on leur rend alors de l'air par degrés et on les arrose avec
modération. A ce sujet, nous pouvons citer un fait assez cu-
rieux.

Nous avons vu, dans l'hiver rigoureux de l'année 1829 à
1830, M. Cels père renfermer sous châssis et couvrir de paillassons et de litière de très-beaux Camellia blancs et panachés couverts de boutons, les y laisser ainsi privés d'air et de
lumière pendant tout l'hiver, et cependant nous avons vu,
dis-je, à l'ouverture de ses coffres, d'où l'humidité s'échap-
pait par nuages et semblait noyer les plantes, leurs boutons
presque tous intacts, bien frais, bien nourris, quelques-uns
même déjà épanouis, être tous, au bout de quelques jours, admirablement développés.

C'est ici le lieu de faire mention de quelques variétés de Camellia, dont les boutons s'épanouissent difficilement, à cause
de la multiplicité des pétales qu'ils renferment : ce sont les

Camellia *Dorsetti*, *gigantea*, *rex Georgius* et quelquefois les *Woodsii*, *Chandlerii* et *florida*, surtout si c'est en hiver.

Les boutons de ces plantes ne s'entr'ouvrent souvent qu'à moitié, et quelquefois même encore moins ; ils restent dans cet état pendant quelques jours et finissent enfin par tomber.

Si l'on ouvre ces boutons après leur chute, on trouve une certaine quantité d'eau réunie dans leur calice, et les pétales du centre dans un état de décomposition. Nous croyons devoir attribuer à cette humidité stagnante la destruction de la force végétative du court pétiole qui soutient le bouton, et dont la pourriture détermine la chute.

Cette observation nous a conduit à essayer une méthode particulière pour obtenir une floraison régulière de ces Camellia : cet essai nous ayant réussi deux ans de suite, nous allons le faire connaître dans l'intérêt des amateurs. Nous plaçâmes, pendant l'hiver, plusieurs de ces variétés, et notamment les *Woodsii* et *Dorsetti*, dans un lieu aéré, bien éclairé, sec et assez froid ; nous réduisîmes le nombre des boutons, afin de laisser plus de sève et de vigueur à ceux qui restèrent ; nous eûmes soin d'entretenir les plantes dans une atmosphère assez basse, afin de retarder la croissance et le développement des boutons jusqu'à la belle saison, époque où la chaleur nouvelle est à la fois plus égale et plus active. A la fin de l'hiver, ces Camellia furent transportés dans la serre et placés dans l'endroit le plus favorable ; on les arrosa souvent, mais en leur donnant peu d'eau à la fois. Au printemps, toutes ces plantes développèrent leurs boutons avec aisance, et nous offrirent une floraison magnifique (1).

______

(1) Nous invitons les amateurs à répéter cette expérience, et nous les prions de nous faire part du résultat.

§ 17.—*De la conservation du Camellia dans les appartements.*

Le Camellia est une plante si agréable et si élégante, que tout le monde le recherche pour décorer les salons ; mais son séjour, dans ces lieux pour lui malsains et trop chauds, détériore les principes vitaux de son organisation et le fait bientôt périr.

Nous avons pensé que, pour jouir longtemps de sa fleur sans endommager la plante, on pourrait isoler le Camellia du feu et des exhalaisons méphitiques du corps humain, par le moyen de glaces non étamées. Placez, par exemple, quelques tablettes contre une des parois du salon, chargez ces tablettes de plusieurs variétés de Camellia en fleur, et entourez de glaces transparentes ce gradin ainsi garni. Ces plantes ne souffriront point dans un lieu pareil, et la variété de leurs fleurs vues à travers ces glaces ne fera que croître en éclat, en graces, et multipliera ainsi les jouissances des spectateurs. On fera attention de leur donner de l'air tous les matins, avant d'allumer le feu du salon, et, lorsque la floraison aura cessé, il faudra les remettre de suite dans une bonne serre, ou mieux encore sous châssis.

Le Camellia en fleur, renfermé entre les fenêtres d'un salon construites à doubles vitraux et à l'exposition du midi, réussit encore mieux ; ses fleurs et sa verdure sembleront plus brillantes, et sa santé surtout ne se trouvera nullement altérée de sa sortie de la serre.

§ 18. — *De la culture du Camellia en pleine terre.*

Le Camellia livré à la pleine terre, soit dans un conservatoire, soit dans une bâche, ou serre quelconque, pousse vigoureusement, prend en peu d'années une grande extension, fleurit abondamment et avec facilité ; mais si l'on néglige de donner de l'écoulement aux eaux des arrosements, si on le prive entièrement du contact de l'air libre, surtout en été, la terre dans laquelle il se trouve planté se décompose aisément; les racines alors sont atteintes les premières par la putréfaction, et l'arbuste se dépouille et périt.

Pour prévenir ce triste résultat de la négligence, il est donc essentiel, avant de mettre en pleine terre le Camellia, de préparer le terrain de manière à ce que l'eau ne reste pas stationnaire autour de ses racines, ce qu'il est facile d'obtenir en garnissant le fond du local, où on veut le planter, de quelques centimètres de sable, sous lequel sera placé un lit de gravats; il sera bon encore de laisser sur le sable tout le gros des racines qu'on aura retiré de la terre de bruyère en la battant. Ainsi mis à demeure, on aura grand soin de donner au Camellia de l'air libre en été, de le faire jouir surtout de l'atmosphère humide et de la rosée des nuits de cette saison en retirant les châssis, s'il est couvert; enfin il sera utile de renouveler la terre qui entoure ses racines, tous les trois ou quatre ans seulement.

Le Camellia livré à la pleine terre, sans abri, sous le climat de Paris, ne résiste pas au-dessous de 6 à 7° centigrades de froid; en conséquence, ce serait une expérience inutile à tenter que de l'y exposer à un froid plus vif. Si les hivers sont doux, il s'y conserve à la vérité, il végète même bien pendant l'été, et offre un aspect riant en automne; mais les variations fréquentes de l'atmosphère, à cette époque, amènent la chute de ses boutons. Il n'en est pas ainsi dans d'autres pays les plus rigoureux, où l'atmosphère est plus constante et invariable, comme nous le ferons voir plus bas.

Dans les pays chauds, placé à l'abri du soleil, à l'exposition du nord et dans les terrains qui lui conviennent, le Camellia devient un arbre magnifique offrant, au moment de sa floraison, un aspect enchanteur. On peut jouir de ce coup d'œil à Caserta, près de Naples; il existe, dans ce superbe domaine royal, un Camellia planté en 1760. Ce Camellia a plus de 15 mètres de hauteur et occupe, par ses branches latérales, un espace de plus de 6 mètres de circonférence. A des milliers de fleurs dont il se couvre au printemps, succède une fructification abondante, qui offre le moyen de le multiplier à l'infini. Nous avons visité bien des fois cet arbre admirable, et, pour en perpétuer le souvenir, nous l'avons dessiné et peint sur les lieux mêmes, avec toute l'exactitude que nos faibles moyens nous permettent. Nous avons fait hommage du dessin original à notre maître et honorable collègue, **M.** de Candolle père.

§ 19. — *Quels degrés de froid peut supporter le Camellia livré extérieurement à la pleine terre ? Peut-on l'acclimater.*

Nous pouvons affirmer que le Camellia résiste aux plus grands froids du climat de la France. Plusieurs expériences faites à ce sujet dans différents endroits, tels qu'Angers, Nantes, et les alentours d'Avranches, Rennes, nous confirment dans cette opinion. A Angers, par exemple, **MM.** Cachet et **Roy,** l'un et l'autre praticiens habiles, doués de la plus grande probité et vrais dans tout ce qu'ils affirment, nous ont assuré que ces arbrisseaux ont supporté chez eux, en 1838, 18° centigrades de froid constant sans souffrir, qu'ils ont fleuri au printemps comme à l'ordinaire, et végété ensuite comme s'ils avaient été en serre.

Ce sont les Camellia *Varrata, Carnea, Pœoniæflora, Florida, Rubra plena, Variegata, Rivini, Lucida, Lindbria, Chandlerii, Oxoniensis, Donklari, Elphinstonia, Pomponia, Althœæflora, Gloria mundi, Crassifolia, Pink, Ornata.*

Le *Reticulata* a péri, le *Blanc double* n'a pas fleuri, ses boutons ont gelé ; mais la plante n'a pas souffert.

Notre savant collègue **M.** Oscar Leclerc, dans son excellent mémoire sur les effets des gelées dans différentes parties de la France, a observé que le Camellia simple a paru le plus délicat et a cédé le premier à l'intensité du froid.

Cependant, nous dira-t-on, tous les Camellia qui ont résisté à 18° centigrades de gelée sont greffés sur des Camellia simples.

D'où vient donc cette apparente anomalie ? C'est une question physiologique que nous n'osons pas résoudre ; mais nous rapporterons les paroles de notre savant collègue, qui donne à ce sujet, comme une explication probable, ce qui suit :

L'action du froid est d'autant plus sensible sur les végétaux qu'ils sont plus en sève.

La greffe exerce une action directe sur cette ascension, si la sève est moins active dans les Camellia doubles que dans les simples ; il est donc possible que l'individu mixte soit moins impressionnable aux gelées que les individus simples.

Si l'on nous objecte qu'à Paris et dans ses environs les Camellia ont péri à 9 ou 10° centigrades de froid, nous répondrons que cette perte est due à l'inconstance du climat local, qui est excessivement variable, et où l'on passe rapidement et à plusieurs reprises, dans la même saison, de l'état le plus tempéré au froid le plus intense. Ainsi nous avons vu, le 4 janvier 1838, le thermomètre à 8° centigrades au-dessus de zéro, et, deux jours après, le froid était à 13° centigrades.

Vers le 3 février, il y a eu un dégel complet qui a duré jusqu'au 12 ; le thermomètre, pendant ce temps, était élevé à 13° centigrades au-dessus de zéro. Le 12, le froid a repris avec une intensité inattendue. Les plantes ont regelé et ont été frappées de la manière la plus vive.

Ces variations, qui ont eu lieu plusieurs fois dans le même hiver, ont produit la perte des arbres les plus rustiques, et ont réalisé le dicton ancien : *Les crises répétées tuent la constitution la plus robuste.*

Dans les pays, au contraire, où le froid est constamment le même, où les variations sont moins fréquentes, moins rapides et moins sensibles, comme à Angers, Nantes, etc., le Camellia reste en repos et supporte l'extrême congélation, comme les plantes les plus rustiques. Ce n'est donc pas le froid le plus intense de ce pays qui fait périr le Camellia, mais les variations atmosphériques locales.

Les amateurs qui sont sous l'empire de cette influence atmosphérique doivent prendre des précautions, et d'abord 1° placer les Camellia en pleine terre à l'exposition du nord. La rusticité des arbres, en général, est due le plus souvent, tantôt à l'époque tardive de leur entrée en séve au printemps, tantôt à la rapidité avec laquelle ils achèvent les phases de leur végétation automnale; tant que la séve n'est point appelée dans les tissus, nous voyons les arbres les plus délicats de nos jardins supporter des froids assez violents, tandis que, dans les circonstances contraires, des végétaux beaucoup moins sensibles ordinairement périssent. Le repos plus ou moins complet de la séve au cœur de l'hiver est donc un moyen de sauver le Camellia en pleine terre.

2° Placer le Camellia en pleine terre dans un lieu élevé plutôt que bas. D'après les observations faites jusqu'ici, les lieux bas sont incomparablement plus exposés aux désastres causés par les gelées que les lieux élevés : ainsi les mûriers et les câpriers de la plaine de Cujes, les oliviers de Draguignan, les vignes de Grenoble et de Genève, les vallons de l'Air, de la Seime, de l'Arve et du Rhône, sont cités comme ayant éprouvé les plus grands dommages. M. Alphonse de Candolle, observateur aussi judicieux que son père, rapporte qu'il a vu périr même des sorbiers assez vieux dans les ravins, que des hautins, rangés dans le sens de la pente des collines plus ou moins inclinées, ont été régulièrement gelés sur toute la ligne dans le bas, tandis que le mal diminuait vers le haut; qu'à la base des campagnes de Composières, dont le sol est incliné du Pied-du-Salève jusqu'à Carouge, une foule de végétaux très rustiques ont péri, bien qu'ils n'aient pas souffert sur les hauteurs de Landecy.

3° Les abriter du soleil de toutes les saisons, et surtout dans l'hiver. L'action solaire exerce en toutes saisons sur l'ascension de la lymphe une puissance bien active, et quelquefois meurtrière. En été, les branches qui reçoivent le plus de chaleur et de lumière sont les premières à éprouver le mouvement de la séve : en hiver, ce sont aussi celles qui redoutent davantage le froid.

4° Les entourer d'une atmosphère aussi égale que possible, c'est-à-dire les défendre des vents trop froids du nord pendant l'hiver, et de ceux de l'ouest et du sud-ouest dans toutes les saisons. Longtemps en contact avec l'Océan, chargés d'une humidité saline et grossis dans leur course sans obtacles, les vents d'ouest et du sud-ouest arrivent sur nos côtes, impétueux et délétères ; ils étendent leur influence, comme un fatal niveau, sur toutes les parties vertes des végétaux qui ne sont pas protégés par des abris et qui se trouvent en contact avec eux.

5° Enfin il faut éviter toute transition rapide du **chaud** au **froid**, afin d'empêcher les tristes effets répétés du gel et du dégel. Les horticulteurs qui sont naturellement favorisés par un climat constant, même le plus rigoureux, peuvent se livrer sans crainte, au moyen de quelques légères précautions, à la culture du Camellia en pleine terre ; ceux qui se trouvent dans des circonstances différentes, en employant les moyens que nous venons d'indiquer, y réussiront de même, nous leur en assurons le succès.

On nous demandera peut-être si nous prétendons, par ces moyens, parvenir à acclimater le Camellia, nous répondrons à cette question avec beaucoup de réserve ; sans nous immiscer dans des théories évasives à ce sujet et sans nous prononcer pour ou contre l'acclimatation des arbres en général, nous pensons, et c'est là notre système, que plus nous suivrons de près la marche de la nature, plus nous seconderons les efforts de la fructification du Camellia en Europe, plus nous parviendrons à habituer ses descendants à se soumettre progressivement aux intempéries d'un climat plus rigoureux que le sien ; cela veut dire que nous naturaliserons son espèce par les variétés dont il devient la souche. M. Oscar Leclerc nous fournit plusieurs preuves de cette vérité. A Toulon, par exemple, les orangers de pepins résistent mieux aux hivers rigoureux que ceux qu'on est dans l'usage de greffer sur bigaradier. Le petit oranger de Chine, qui venait habituellement de ses graines, s'est montré le moins impressionnable de tous. Dans les parties de Saône-et-Loire où presque toutes les vignes ont gelé, les ceps nés spontanément dans les haies ou les bois ont à peine souffert.

Nul doute donc que les Camellia qui, soit par des moyens artificiels ou soit naturellement, végètent en pleine terre, comme à Naples, à Angers, à Rennes et ailleurs, et qui y fructifient, ne deviennent la souche d'une famille généralement plus apte à braver les intempéries des saisons européennes que ceux qui nous viennent directement du Japon. C'est là notre opinion.

§ 20. — *De la taille du Camellia.*

Il est peu de plantes exotiques qui supportent la taille aussi bien que le Camellia. En pratiquant cette opération avec intelligence et aux époques convenables, le Camellia prend la forme qu'on veut lui donner, et fleurit en plus grande abondance. Ces époques sont au printemps, aussitôt après la floraison, ou l'été après la seconde pousse, c'est-à-dire vers la mi-août. Si l'on pratique la taille au printemps, il faut, aussitôt après cette opération délicate, rempoter l'arbuste avec soin, le passer dans une autre serre dont la température soit plus élevée, pour le déterminer à pousser de nouvelles branches aptes à se bien aoûter avant les froids. Si on le soumet à la taille vers la mi-août, on sera obligé, il est vrai, de sacrifier les boutons existants, on perdra même un an pour la jouissance de ses fleurs; car, à cette époque, la végétation du Camellia se dispose au repos, mais aussi la pousse du printemps qui suivra la taille n'en sera que plus vigoureuse, et les branches nouvelles dont il se trouve paré commenceront à porter des boutons la seconde année.

De plus, les Camellia taillés en août peuvent, après la taille, rester en plein air jusqu'au moment de la rentrée ordinaire des plantes dans la serre ; ceux qui sont taillés au printemps doivent être mis sous bâche vitrée aussitôt après l'opération, comme nous l'avons dit plus haut ; sans cette précaution, ils végètent lentement, ne donnent que de petites pousses languissantes, et restent plusieurs années sans fleurir.

§ 21. — *Sur la fructification du Camellia. Manière de le féconder artificiellement.*

Les premiers Camellia qui ont fructifié en Europe sont ceux à fleur simple, ensuite ceux à fleur semi-double, puis ceux à fleur double, et quelquefois ceux même à fleurs pleines.

Il est vrai que ces derniers ne fructifient que très-rarement, et seulement dans certaines conditions, à la fin, par exemple, de leur floraison, et cela parce que les dernières fleurs étant ordinairement moins pleines que les premières, et les parties sexuelles n'ayant pas subi leur entière transformation en pétales à cause de l'épuisement de la plante, dans ce cas ces fleurs nouent leur fruit. Nous avons recueilli, cette année (1838), des fruits mûrs sur les Camellia *Pomponia plena, Imperialis, Pæoniæflora, Imbricata, Chandlerii;* mais nous avons remarqué, pour la troisième fois, que les fruits de ces plantes sont moins volumineux, moins nourris et moins sûrs que ceux que nous donnent les plantes à fleur semi-double ou simple.

Notre honorable ami M. Wilder, de Boston (Amérique), nous mande qu'il a obtenu des graines des Camellia *Myrtifolia, Colvilii, Elegans Chandlerii, Imbricata, Incarnata* qui ont promptement levé, qu'ils prospèrent, et quelques-uns annoncent même une prochaine floraison.

M. Sacco, de Milan, est peut-être l'horticulteur qui a obtenu le plus grand résultat à ce sujet.

Nous avons vu chez lui, en 1834, douze mille Camellia de semences, la plupart obtenues sur les fleurs simples et les semis doubles, quelques-unes sur les doubles, et très-peu sur les pleines.

Les *Pinck, Variegata, Varrata, Corallina, Althæœflora, Pomponia, Pæoniæflora, Imperialis, Coccinea,* après les simples, sont ceux qui lui ont rapporté le plus de fruits ; ensuite les *Pomponia semi-plena, Papaveracea, Punctata simplex, Alba simplex, Aitonia, Lanckmani, Varrata striata, Dianthiflora, Grandiflora, Gallica alba, Welbanksiana, Lindleya, Paradoxa, Princeps, Argentea, Blanda, Cardinalis Fulgens, Rubricaulis, Staminea, Spathulata, Sanguinea, Oleifera, Sassanqua,* sont les variétés qui fructifient chez M. Sacco tous les ans, et en telle abondance que nous avons vu les branches de ces plantes courbées sous le poids de leurs fruits.

Indépendamment des variétés de semis, qui nous viennent d'Italie, les Anglais et même les Allemands qui tirent les graines de la Chine, et même de l'Amérique, introduisent, tous les ans, dans le commerce de nouveaux Camellia. Nous reviendrons sur cette matière dans un article spécial.

Dans le climat de la France, le Camellia ne fructifie qu'en petite quantité, et d'abord parce que cette plante n'est pas généralement cultivée, surtout dans les pays favorisés par une haute température, ensuite parce que nous tenons ses racines renfermées constamment dans des caisses, où la végétation est plus ou moins gênée ; mais, si nous ne sommes pas parvenus comme les Italiens à compter sur la quantité, nous en sommes indemnisés par la qualité, qui en est supérieure. La raison est toute simple : nos collections étant très-nombreuses, composées d'individus dont quelques-uns très-anciens, en conséquence d'une taille gigantesque et robustes, d'autres d'une force médiocre, mais choisis en qualité, les fruits que nous obtenons étant fécondés soit naturellement, soit artificiellement, le résultat doit être plus heureux que là où les collections sont bornées et fécondées par des plantes ordinaires. Nous répéterons cette réflexion à l'article 26. Nous dirons, en attendant, que Paris, Nancy, Angers, Rennes, Lille et Bollwiller, nous ont fourni des variétés superbes, et, si nos jardiniers voulaient se donner la peine de soigner sérieusement cette branche de l'horticulture, leurs efforts seraient, sans doute, couronnés du plus grand succès.

Voici quelques instructions à cet égard.

1° Les plantes destinées à la fructification , c'est-à-dire celles qu'on veut féconder artificiellement, doivent être mises à part dans la serre, à l'exposition la plus claire, espacées les unes des autres, jamais remuées et médiocrement arrosées surtout dans les mois rigoureux : il faut se garder de les arroser sur les feuilles au moment de la floraison.

2° L'application du pollen étranger doit être faite plusieurs fois, à des jours différents, et toujours le matin ou le soir.

3° Cette opération doit être faite avant la maturité des étamines légitimes ; le pollen étranger laisse des traces plus assurées de son concours.

4° La sortie de la serre de ces plantes doit avoir lieu le plus tard possible, vers la fin de juin ; mieux vaudrait même les garder toujours dans la serre, si on pouvait leur donner tous les soins qu'elles exigent.

Si elles sont en pleine terre à l'extérieur, il faut, dès qu'elles sont en fleur, les abriter des vents, des pluies, de toutes les intempéries de l'atmosphère. En général, pour avoir une bonne fructification, soit à l'intérieur, soit à l'extérieur, il faut se donner beaucoup de peine et traiter ces plantes comme on soigne les vers à soie, c'est-à-dire en ne les perdant jamais de vue, et en réglant leur atmosphère minutieusement et selon les circonstances. Quant à la partie qui regarde la fécondation artificielle, on parvient à la diriger selon le caprice, et les résultats n'en sont que plus heureux. Il est constant que les fleurs les plus belles nous viennent des fruits obtenus par des individus à fleurs simples ou semi-doubles. La réussite ne dépend que de l'adresse et de la sagacité de l'opérateur.

Qu'on féconde artificiellement un Camellia *Pomponia semi-plena* avec un Camellia *Derbyana,* on aura certainement un bon résultat; mais qu'on féconde un Camellia simple par un simple, le résultat en sera ou médiocre ou douteux.

Mais comment doit-on opérer cette fécondation artificielle? Voici deux moyens dont l'emploi est très-facile et à la portée de tout le monde.

Le premier consiste à secouer le pollen d'une fleur sur une autre fleur; mais ce moyen d'agir n'assure pas toujours une bonne réussite, à cause de la présence du pollen légitime, dont la plus légère quantité annule l'action du pollen étranger.

Afin donc d'empêcher le pollen légitime de féconder le stigmate de sa propre fleur, il faut retrancher avec une minutieuse adresse toutes les étamines, aussitôt que les fleurs s'entr'ouvriront. Lorsqu'on voit le pollen des organes du Camellia avec lequel on veut opérer, prêt à sortir des anthères, c'est alors le moment de le secouer à plusieurs reprises, et plusieurs jours de suite, sur le pistil du Camellia castré. Il est nécessaire que la castration soit faite de grand matin, parce qu'en enlevant les étamines qu'on veut rendre inutiles on peut les remuer impunément, l'humidité de la nuit rendant le pollen moins prompt à remplir l'office que la nature lui a dévolu.

Mais, comme ce procédé ne tendrait qu'à augmenter les monstruosités, ou si l'on veut, à ne donner que des variétés plus bizarres, et qu'il n'assurerait point la fructification, il faut opérer la suppression des boutons à bois qui accompagnent la fleur ; par ce moyen, la sève détournée reflue dans la fleur, et tend à nourrir et à perfectionner le fruit.

§ 22. — *De la multiplication du Camellia.*

On multiplie le Camellia de trois manières : par semis, par boutures ou marcottes, et par greffes.

Par semis. On sème sur une couche tempérée et sous châssis, dans une terrine remplie de terre de bruyère passée au crible fin, les graines arrivées naturellement à leur point de maturité ; ce que l'on reconnaît aisément quand elles se détachent *spontanément* de leur péricarpe ; on couvre les terrines d'une légère couche de mousse, pour y entretenir constamment une douce humidité. Ces graines restent souvent deux ans sans lever, et quelquefois elles lèvent dès la première année. Lorsque les plantules ont atteint cinquante millim. environ de hauteur, on les enlève de la terrine avec un peu de motte ; on les place dans de petits pots séparés, et on les repose sur la même couche, en les abritant de l'air et du soleil, jusqu'à ce qu'elles soient en état de supporter le plein air ; on les traite ensuite comme les autres Camellia. Au bout de 5 ou 6 ans, presque tous les individus sont en état de fleurir ; quelques-uns cependant restent jusqu'à leur douzième année sans porter fleurs ; nous en avons nous-même fait l'expérience : des graines de Camellia, que nous avions recueillies sur l'arbre de Caserta, et semées en 1819, n'ont fleuri qu'en 1831 ; et deux individus provenant de ce semis fleurirent en 1836 pour la première fois ; ceux-ci avaient, par conséquent, plus de 15 ans d'existence.

Le moyen de déterminer les Camellia de semence à fleurir plus promptement est de les greffer aussitôt qu'ils ont des branches aoûtées, c'est-à-dire à peu près à leur seconde ou troisième année. On aura soin de pratiquer cette opération sur des individus assez forts ; le succès en sera plus rapide et plus certain.

Par boutures. On emploie ce moyen pour se procurer des sujets francs de pied, mais le plus souvent pour avoir des sujets destinés à la greffe ; dans ce cas, c'est le Camellia *rouge simple*, ou le *pinck*, que l'on destine à cet usage. Voici la manière la plus simple de faire les boutures :

On choisit au printemps, sur des Camellia simples ou semi-doubles, des rameaux du bois de l'année précédente ; on les coupe à la longueur de 10 à 16 centimètres ; on les plante tous ensemble à peu de distance les uns des autres, dans des terrines remplies de terre de bruyère bien tamisée ; on place ces terrines, recouvertes d'une cloche, dans la tannée d'une bâche, ou serre chaude toujours ombragée ; de temps en temps, il faut avoir soin de relever les cloches, d'en essuyer la buée à l'intérieur, de bassiner quelquefois les boutures avec un petit arrosoir fait exprès ; ces boutures ainsi préparées s'enracinent au bout de six semaines à peu près : on les transplante alors quand les racines sont nettement développées, chacune dans un très-petit pot, où elle restera jusqu'à ce qu'il soit opportun de la greffer. On peut aussi multiplier le Camellia de boutures dans des serres froides, sans le secours de la tannée et de la chaleur artificielle ; mais ce moyen est trop long et souvent incertain.

On multiplie encore le Camellia par le moyen des marcottes et du couchage ; mais la plupart des horticulteurs ont renoncé généralement à cette double manière d'opérer, parce que les sujets ainsi traités demandent trop de temps pour s'enraciner, occupent un espace trop grand dans les serres ou les bâches, parce qu'enfin cette voie exige le sacrifice des plus belles branches, et que le rapport n'était pas en proportion du temps de la dépense qu'elle occasionnait. La greffe est donc l'expédient de multiplication qui a prévalu partout.

§ 23. — *Des différentes manières de greffer les Camellia.*

Greffe. — Le Camellia qu'on veut multiplier se greffe ordinairement sur le Camellia à fleur rouge simple, ou sur toute autre variété simple ou double que l'on voudra sacrifier. Nous avons maintenant plusieurs manières de pratiquer la greffe ; nous ne parlerons que des plus usitées et surtout de celle que les Belges emploient le plus communément pour propager les variétés nouvelles et d'un grand prix.

Greffe en approche. — La greffe la plus usitée, la plus facile à pratiquer, comme la plus naturelle et la plus ancienne, est certainement la greffe dite en approche. Cette greffe, qui peut avoir lieu dans toutes les saisons, se fait plus généralement en mars, en pratiquant le long de la tige une entaille de 25 à 40 millim. de long, en faisant la section entière de l'aubier, jusqu'au jeune bois, sur le sauvageon qu'on fait servir de sujet, et le plus bas possible de la tige. On agit de même sur la branche du Camellia qu'on veut multiplier. On joint bien soigneusement l'une contre l'autre ces deux parties ainsi entaillées, et en ayant soin que les deux écorces coïncident exactement ; on les lie ensemble avec de l'écorce de tilleul qu'on a d'abord tenue humide. Au bout de quelques mois, ces greffes se sont parfaitement identifiées ensemble ; mais on ne les sèvre que peu à peu, avec une incision faite, par degrés, tous les huit ou dix jours, jusqu'à la séparation entière et dans l'ordre mensuel suivant : les Camellia greffés en mars sont bons à sevrer à la fin d'août, ceux de mai en octobre, en s'y prenant toujours un mois d'avance pour pratiquer l'incision graduelle que nous venons d'indiquer.

Greffe en fente. — C'est la greffe ordinaire que tout le monde connaît, mais qui ne se pratique sur les Camellia que depuis les résultats immenses qu'en a obtenus notre excellent ami M. Soulange Bodin dans son grand établissement de Fromont près **Ris**. Ce savant horticulteur emploie cette greffe de préférence, parce que, dans toutes les saisons, il peut, par des moyens artificiels uniquement destinés à cet effet, ranimer la séve des plantes et les faire végéter. Chez **M. Sou-** lange, cette greffe remplace celle des Belges, dont nous parlerons plus bas ; elle offre les mêmes avantages, c'est-à-dire économie de temps et de matière, et peut-être plus de sûreté dans les résultats. Par l'emploi de ce moyen ingénieux, un petit rameau de l'espèce qu'on veut multiplier, muni d'un seul œil et implanté sur un sujet congénère, donne, au bout de six semaines, un arbrisseau complet.

La greffe étouffée se fait également sur des jeunes sujets de deux ou trois ans, comme sur des vieux et forts individus très-âgés ; la manière seulement de s'y prendre est tout à fait différente, mais les résultats en sont les mêmes. Dans les deux cas, les sujets doivent être vigoureux et bien portants, autant que possible, car la bonne santé de ceux-ci contribue pour beaucoup à rendre facile la reprise des greffes.

La greffe étouffée se fait de deux manières, en fente et en placage ; la première consiste à amputer le sujet à 4 millimètres au-dessus d'une feuille munie d'un bon œil ; à fendre le sujet longitudinalement en face de cette feuille, aux deux tiers de son épaisseur ; à y insérer la greffe qui doit être taillée en lame de couteau, en finissant en pointe très-aigüe, afin qu'elle remplisse bien la fente du sujet ; à ligaturer ensuite et à couvrir la partie amputée avec de la poix, afin que l'humidité ne puisse pas entrer dans la plaie. On se gardera bien de couvrir de poix les côtés de la fente, cela pourrait empêcher la soudure des écorces.

Quand l'opération est finie, il faut plonger les pots dans la tannée d'une couche, tiède si c'est au printemps, et chaude si c'est l'hiver, c'est-à-dire entre 25 à 30° centigrades, et les couvrir d'une cloche ou globe en verre. Les cloches doivent être essuyées tous les deux jours, et, lorsqu'on s'aperçoit que les plantes greffées sont humides, il faut alors leur donner de l'air pendant trois ou quatre heures selon la saison. Ce terme suffit ordinairement pour les sécher, mais il est très-essentiel de renouveler l'air chaque fois qu'il y aura humidité sur les greffes; car, si on les laissait quelque temps dans cet état, elles pourriraient promptement.

M. Soulange appelle cette greffe *étouffée* parce que les plantes, aussitôt greffées, passent dans la tannée d'une bâche très-basse et sous cloche, où elles ont l'air d'être étouffées.

Ceux qui disent que cette manière d'opérer endommage les racines du sujet, pendant qu'on les soumet à la chaleur humide et étouffée de la bâche, se trompent complétement. Nous possédons, depuis plusieurs années, beaucoup de Camellia ainsi greffés, et nous ne nous sommes jamais aperçu d'aucune maladie qui pût provenir de cette cause. Nous citerons même un fait caractéristique à l'appui de cette assertion. En janvier 1830, ayant fait une excursion à Fromont, nous choisîmes et nous transportâmes avec nous, par un froid très-intense, contre l'avis du maître et du jardinier de cet établissement, une douzaine de petits Camellia rares, greffés selon le procédé ci-dessus et nouvellement sortis de la serre. Malgré toutes nos précautions, nous trouvâmes la terre des pots entièrement gelée à notre arrivée à Paris. Espérant encore les sauver, malgré ce funeste accident, dont notre obstination était la cause unique, nous eûmes soin de les entretenir tout l'hiver dans une température douce et uniforme, et nous vîmes avec plaisir, au printemps, tous nos jeunes Camellia végéter vigoureusement. Certes, si ce procédé de notre ami de traiter ces jeunes individus greffés par la chaleur humide de la bâche était pernicieux et en altérait les racines, à plus forte raison la gelée que les nôtres essuyèrent, jointe à cette cause, eût dû les faire périr sans ressource.

La seconde greffe est la greffe des Belges, qu'on peut aussi appeler étouffée; elle consiste à enlever, sur le côté du sujet et le plus bas possible, une partie de son écorce avec une très-faible partie de son bois, de la même manière et dans le même sens que dans la greffe par approche ; à tailler les greffes en biseau, de manière à remplacer par sa base exactement la partie enlevée sur le sujet ; à poser cette greffe contre la plaie, et à ligaturer le tout solidement sans employer aucun enduit.

L'opération terminée, on couche horizontalement le pot et la plante greffée sur une tannée froide et sèche, ou sur un lit de mousse également sèche, sur laquelle les branches doivent être seulement couchées, et le pot plongé toujours horizontalement jusqu'à sa moitié ; on recouvre ensuite, aussi soigneusement que possible, la partie greffée avec une cloche en verre dont on entoure les parois de mousse ou de tannée sèche pour empêcher l'air d'y pénétrer. Au bout de quinze jours, trois semaines, un mois, selon la saison, la greffe est parfaitement soudée ; c'est alors le moment de la sortir de là pour la placer debout dans un coffre bien clos, pendant quelques jours, où on lui donnera de l'air graduellement, en évitant les transitions rapides, qui sont toujours pernicieuses aux jeunes multiplications.

Cette greffe, exécutée depuis le printemps jusqu'à l'automne, est aussi avantageuse et expéditive que la première ; elle lui est même en quelque sorte supérieure, en ce sens qu'elle peut être employée sur les grandes et anciennes plantes, sans causer aucun embarras.

Il est entendu que le rameau ou la greffe dont on se sert doit avoir (comme nous avons dit plus haut) à peu près deux centimètres de long, un bon œil et une feuille.

Greffe par approche en bouture. — Autrefois, en mariant la greffe au sujet, on la plantait, en manière de bouture, au pied du sujet même, et on obtenait un résultat à peu près semblable à celui que donne la greffe des Belges ; mais ce mode d'opérer, exigeant un rameau d'une certaine longueur, ne permet pas de tirer le même profit de la plante mère : au reste, ce procédé et celui des Belges sont expéditifs et économiques.

§ 24. — *Sur les variations auxquelles sont sujettes les fleurs de Camellia, et sur le choix des plantes greffées et nouvellement sevrées.*

1° Une longue expérience, mille fois répétée, nous a fait remarquer que les fleurs du Camellia varient souvent, tantôt par des causes naturelles, tantôt par des causes accidentelles, toujours selon les circonstances, la saison, la culture. Si l'on place, par exemple, le Camellia dans une température toujours élevée, et qu'on le force de fleurir plus tôt que de coutume, sa fleur sera incomplète, plus petite que nature, d'une forme imparfaite et presque avortée. Si, par des causes accidentelles, le Camellia fleurit, même naturellement, contre saison, ou trop tôt, par exemple en octobre, ou trop tard, comme en mai, les mêmes conséquences d'altération s'y manifesteront.

Les belles fleurs complètes, remarquables par la régularité de leur forme, leur dimension, leur couleur et leur abondance, ne paraissent que dans la saison naturelle de la floraison du Camellia, qui est février et mars, et ce sont toujours les arbrisseaux bien soignés, parvenus à un degré de force, de prospérité et à un certain âge, qui produisent constamment les plus beaux résultats.

2° Les petites plantes d'un ou deux ans de greffe rapportent quelquefois des fleurs tellement différentes de celles de leurs mères, que l'on croirait, au premier abord, que l'on a été trompé par le marchand.

3° Il arrive souvent qu'un Camellia dont la fleur est double, bien faite et d'une grande dimension porte sur la même tige des fleurs inégales, les unes doubles, larges, les autres semi-doubles, de moyenne force; quelques-unes même simples et petites.

Les mêmes variations ont lieu, sous le rapport des couleurs. On rencontre souvent sur le même arbrisseau des fleurs, les unes rouge cerise foncé, les autres rose clair ; les unes rose strié de rouge, les autres rouge uni. Les hybrides du *Pomponia*, tous les *Punctata*, par exemple, sont sujets à ces variations. Ces bizarreries sont indépendantes de la volonté de l'horticulteur ; c'est la nature seule qui en est responsable, aussi nous l'accusons hautement pour prévenir les reproches qu'on pourrait faire aux jardiniers marchands, qui ne sont nullement coupables des caprices de la mère universelle.

4° Les fleurs obtenues, pour la première fois, sur des plantes de semis sont rarement belles et complètes ; il faut attendre deux ou trois floraisons avant de juger si une plante a ou n'a pas de mérite.

C'est ici le lieu d'apprendre aux amateurs à choisir une plante de greffe. Lorsqu'on entre dans la serre d'un jardinier, on est séduit par la quantité de boutons dont est converte une greffe sevrée de l'année : c'est presque toujours sur cet individu que nous portons notre choix, sans faire attention aux qualités principales qu'il doit avoir pour réussir, une fois que nous le possédons.

Avant d'acheter une de ces plantes nouvellement sevrées, nous engageons l'amateur à faire attention à la santé de l'individu greffé, et surtout à la force dn sujet. Celui-ci doit être toujours plus fort, plus vigoureux et plus gros que la greffe qui lui est implantée. Lorsqu'il n'y a pas proportion en plus, en faveur du sujet, il se forme un bourrelet autour de la greffe même, la plante languit, reste en arrière, pousse avec difficulté, et rarement elle devient d'une belle apparence. Il arrive quelquefois qu'au bout de trois ou quatre ans l'équilibre se rétablit, surtout si le sujet est en bon état, et alors la floraison recommence ; mais si la disproportion entre la greffe et le sujet, au lieu de disparaître, augmente, alors la plante décroit tous les ans davantage, et la mort s'ensuit.

Ainsi, lorsque vous voulez choisir une plante nouvellement greffée, faites attention si le sujet est bien portant, s'il est plus fort que la greffe; si celle-ci est vigoureuse, ne regardez pas si elle a des boutons ; quand même elle en aurait, la floraison ne sera qu'incomplète : mieux vaut qu'elle ait des yeux à feuilles que des boutons à fleurs.

§ 25. — *Pourquoi certaines variétés de Camellia, telles que les* Variegata, Elphinstonia, Chandlerii, Rex Bataviæ *et autres, donnent-elles des fleurs bicolores,* panachées, *en hiver, et pourquoi sont-elles unicolores,* rouge uni, *au printemps ?*

Cette question, soulevée plusieurs fois à la Société d'horticulture de Paris, n'a jamais été complétement résolue. Fondés sur quelque expérience à ce sujet, nous voulons faire connaître ici nos observations.

Nous pensons, comme tant d'autres, que la panachure n'est autre chose qu'un accident provenant ou de maladie ou de faiblesse, ou de quelque autre altération dans l'ordre naturel de sa séve. Cet état d'altération se déclare avec plus ou moins d'intensité, selon les circonstances : ce sont la température, la puissance des engrais, la terre, les localités, l'air, l'eau et tant d'autres causes inconnues, qui affectent la plante, et la portent à subir des modifications qui ne sont pas naturelles. Si ces accidents sont l'effet d'une cause prépondérante et en permanence, les résultats sont graves, et quelquefois même funestes; si les circonstances sont légères et de peu de durée, les effets de la panachure sont de même passagers et n'offrent aucun danger. Nous voyons tous les jours des arbrisseaux se panacher dans leurs feuilles à cause de l'épuisement de la terre dans laquelle ils se trouvent, et revenir à leur état primitif aussitôt qu'on leur donne une terre substantielle.

L'influence de ces circonstances explique, ce me semble, l'objection de certains horticulteurs, qui soutiennent que la panachure des fleurs du *Camellia variegata et autres* n'est pas un effet de souffrance. Voici leur langage :

« Nous avons dans nos serres plusieurs Camellia *variegata*, dans l'état le plus prospère, doués d'une végétation la plus vigoureuse, d'un vert noir, chargés de boutons, qui se développent tous les ans complétement. Si ces plantes étaient malades, disent-ils, elles montreraient quelque part des symptômes de souffrance ; leur végétation serait moins active, leurs boutons tomberaient, leur floraison serait incertaine ou incomplète ; au lieu de cela, elles ne fleurissent que mieux, en hiver panachées, et rouges au printemps. Il y a donc une autre cause que la maladie, qui produit ce changement de couleurs. »

Nous opposons à cette question les mêmes arguments que nous venons d'exposer plus haut ; les voici :

Il est incontestable 1° que la précocité artificielle dans la floraison des plantes produit une altération dans l'ordre naturel de la végétation ; en conséquence, la précocité artificielle doit nuire plus ou moins à la santé des végétaux.

2° Toute plante qui ne fleurit pas dans sa saison ordinaire, et qui le fait dans une autre, soit avancée, soit retardée, est déterminée par une cause extérieure plus ou moins agissante, plus ou moins connue, plus ou moins salutaire. Or la saison de la floraison naturelle du Camellia, en Europe, c'est la fin de l'hiver, le commencement du printemps ; l'expérience prouve ce fait. Si l'on tient le Camellia dans une bâche, sans feu, soumis constamment à la température de zéro, la plante ne se portera que mieux, et ne fleurira qu'en mars.

Si la floraison arrive plus tôt, c'est parce que la plante a été sous l'influence d'une chaleur artificielle, ou qu'elle a éprouvé les bienfaits d'une nourriture trop soignée, ou par quelque autre motif inconnu, qui n'a altéré en rien, il est vrai, sa végétation arborescente, mais qui, ayant déterminé sa séve à agir, avec plus de violence et malgré elle, sur son système organique, a développé la fleur plus tôt que la nature ne l'a

demandé, et avant que celle-ci ait eu le temps de perfectionner ses couleurs. L'expérience peut prouver ce fait
facilement.

Ouvrez un bouton de *Camellia variegata* parvenu aux
deux tiers de sa maturité, les pétales qu'il contient sont alors
verdâtres; quelques jours plus tard, ils sont jaunâtres; puis
ils passent du jaunâtre au blanc, et du blanc au rouge. Si ce
changement s'opère par degrés, avec le temps, peu à peu
et selon l'ordre de la nature, alors il y a perfection dans la
fleur et dans ses couleurs. Si ce temps est hâté par la chaleur
ou par quelque autre cause produisant les mêmes effets de la
chaleur, il y a alors développement précoce et imparfait; il
il y a alors plus ou moins d'intensité dans les couleurs, plus
ou moins de régularité dans la forme, selon la longueur du
temps qui lui manque pour compléter sa maturité naturelle;
et cela est si vrai que, plus les fleurs dont nous parlons sont
précoces, plus elles sont panachées de blanc; plus elles avan-
cent vers le printemps, plus elles sont d'un rouge uni; et,
pour se convaincre de ce fait, qu'on entre dans une serre en
novembre, ou qu'on visite les marchés aux fleurs à cette
époque, et on ne verra que des fleurs panachées; qu'on
revienne en mars, et l'on trouvera que les fleurs de cette
même variété sont entièrement rouges. Ce qui consolide
notre opinion, c'est l'expérience suivante.

Nous plaçâmes, en octobre 1833, un *Camellia variegata*,
chargé de boutons, à l'extrémité d'une serre tempérée, et
celle-ci séparée, par une cloison en planches, d'une bâche très-
chaude. Nous fîmes passer un rameau de ce Camellia, portant
quelques boutons, dans la bâche chaude, et nous dîmes d'avance
que ces boutons, appelés par la chaleur artificielle à se développer vers la fin de novembre, donneraient des fleurs panachées à la vérité, mais que le blanc dominerait le rouge. Le
fait répondit entièrement à notre attente; nous retirâmes,
après la floraison, la branche de la serre chaude, nous laissâmes
le Camellia tout entier dans la serre tempérée, et il arriva

que les fleurs, qui se développèrent à la fin de février, furent toutes unicolores rouges.

On nous objectera peut-être que la chaleur, agissant sur toutes les parties de la plante, devrait laisser quelque trace de son action sur ces mêmes parties ; mais il n'en est pas ainsi, disent les jardiniers : Un Camellia panaché, et soumis constamment à un léger degré de chaleur, garde toutes les apparences d'une bonne santé, donne des fleurs précoces, complètes, bien développées. Il est donc étonnant, ajoutent ces mêmes praticiens, que son imperfection ne se déclare que sur les couleurs.

Nous répondrons que la chaleur artificielle agit, il est vrai, sur tous les organes de la plante, mais d'une manière plus ou moins sensible, en raison de l'espace de temps qu'elle reste sous la puissance du calorique, mais qu'à la longue, et par une chaleur plus intense, elle se mettrait en végétation, et témoignerait par là l'action du stimulant artificiel, qui l'affecte ; que, si la plante ne répond pas à ce stimulant aussitôt que la fleur, c'est parce que la sève, dans les Camellia, se porte, pendant l'hiver, en plus grande abondance, vers les boutons, destinés par la nature à se développer plus tôt que la partie arborescente. C'est donc la fleur qui doit éprouver la première l'influence du calorique, et en se ressentant de l'appel artificiel qu'on lui fait contre son gré, elle doit manifester son imperfection dans toutes ses parties ; et cela est si vrai, que, si l'on examine un Camellia en fleurs, en novembre ou décembre, on le trouvera, quant à la partie arborescente, dans un état de repos le plus apparent ; et, quant à la floraison, on y découvrira un développement prématuré, précoce, incomplet, de sorte que, si l'on compare une fleur de novembre avec une fleur de mars, on remarquera une différence notable entre elles, sous le triple rapport de la couleur, de la forme ou du volume.

Nous concluons donc que la panachure, qui se rencontre en hiver dans certaines fleurs de Camellia, tels que les

*Variegata, Elphinstonia, Chandlerii, Rex Bataviæ, Rubri-
caulis et autres,* est due à l'altération accidentelle ou artificielle
de la séve, laquelle altération ne produit pas une maladie
proprement dite, mais une inversion de l'ordre actuel de la
floraison, dont les résultats sont défaut de maturité dans les
boutons, imperfection de couleurs dans les pétales, irrégularité dans les formes et diminution de volume dans la
corolle.

§ 26. — *Sur les Camellia italiens, anglais et américains.*

On peut avoir des Camellia de semences dans tous les
pays, parce que dans tous les pays on peut cultiver le Camellia ; mais cette plante ne rapporte pas fruit partout également : en France, par exemple, elle en donne quelques-uns,
en Allemagne fort peu, en Belgique rarement, en Angleterre de même. Il y a cependant quelques Camellia de semences dans ce dernier pays, parce que là il y a plus d'horticulteurs anciens que partout ailleurs, là la culture du Camellia
date d'une époque plus reculée, là enfin on a des graines de
cette plante provenant de la Chine, du Japon, et même de
l'Amérique.

Mais le pays en Europe où l'on obtient le plus de semences
de Camellia, c'est en Italie, surtout à Milan, à Florence
et à Naples. Nous parlerons d'abord de ceux de Naples, parce
que c'est à Naples qu'on possède le plus ancien et le plus fort
Camellia simple qui existe en Europe. L'histoire de cet arbre
gigantesque se trouve en peu de mots à la page 41 dans cet ouvrage. Cet arbre magnifique, livré à la pleine terre depuis sa
plantation première qui date de 1760, se couvre de fleurs et
de fruits annuellement depuis plus de 50 ans ; ses graines
sont les premières graines indigènes qu'on a semées en Europe, avec peu de succès il est vrai, parce que la mère, se
trouvant seule dans ce lieu, n'a été fécondée que par elle-
même ; mais il est vrai de dire que c'est de ce Camellia que

sont sorties les premières variétés à fleurs simples plus belles que celles de la mère, lesquelles, ayant été fécondées par d'autres étrangères ou indigènes, ont enrichi les collections de variétés nouvelles plus ou moins remarquables. C'est donc le Camellia de Naples qui, par ses graines portées à l'étranger ou restées dans le pays, a contribué le premier à améliorer les variétés anciennes que nous possédons.

Cependant ce n'est pas de Naples, de ce climat enchanteur que nous viennent en plus grand nombre les Camellia de semis, et cela non pas à cause de l'ardeur du soleil, non pas à cause des changements atmosphériques locaux, non pas à cause des autres difficultés qu'on rencontre généralement dans tous les pays, mais parce qu'à Naples il n'y a presque pas d'amateurs, ni de jardiniers qui se livrent à la culture des plantes étrangères. La nature ayant tout fait pour eux, ils ne font rien pour aider la nature. Oh! si moi, l'abbé Berlèse, j'étais à Naples, je planterais, dans un certain endroit que je connais, une forêt de Camellia, et je suis sûr que j'y réussirais à merveille.

Mais, si Naples ne renferme pas beaucoup d'amateurs de Camellia, Florence, au contraire, en compte un nombre très-étendu. Dans ce pays délicieux, on cultive avec succès les végétaux exotiques de tous les climats, et, depuis quelques années qu'on s'y est adonné à la culture du Camellia, il y a à Florence beaucoup d'amateurs distingués et beaucoup de jardiniers commerçants qui possèdent de beaux Camellia anciens et nouveaux, qui en cultivent spécialement de semences, et qui, tous les ans, enrichissent le commerce de variétés nouvelles.

Les noms de MM. Ridolphi, Guicciardini et Riccardi, très-connus dans les Annales de l'agriculture universelle, méritent aussi d'être cités honorablement pour les services qu'ils rendent à l'horticulture. Dans les vastes jardins de ces amateurs on trouve des plantations considérables de Camellia, qui ont six et sept mètres d'élévation, qui se couvrent, tous les ans, de fleurs et de fruits, et qui offrent par leur admirable végétation un coup d'œil enchanteur : ce sont ces amateurs qui ont les premiers propagé le goût de la culture du Camellia à Florence, et les dames de la haute société, telles que mesdames Torregiani, Bouturlin et Nancini, en suivant l'exemple de ces grands maîtres, obtiennent tous les jours de merveilleux succès. A Florence, les cultivateurs de Camellia augmentent prodigieusement tous les ans, et c'est aux efforts de MM. Pucci, Arnoud, Sloanne, Schnei-der, Macdonal et Piatti, qu'on doit en grande partie cet heureux résultat; et, puisque nous parlons des amateurs d'horticulture de Florence, il nous sera permis de nommer ici le savant docteur Pizzatti, qui y possède une des collections de Camellia les plus choisies et les plus riches qui existent en Italie. Amateur passionné, il en tire de tous les pays; il ne néglige ni soins ni dépenses, ni sacrifices personnels lorsqu'il s'agit d'acquérir quelque variété qui puisse être digne de sa belle collection. Aussi c'est un ravissant spectacle que la serre de M. Pizzatti au moment de la floraison du Camellia !

Mais de tous les pays de l'Italie, c'est Milan qui abonde le plus en horticulteurs qui cultivent le Camellia de semence. Celui qui le premier en donna l'élan fut le feu docteur Sacco. Cet habile amateur, en 1830, en possédait douze mille de graine, cueillis dans son jardin.

C'est de ses semis que sont sorties plusieurs variétés remarquables, qui figurent maintenant dans le commerce. Plus tard MM. Mariani, Casoretti, Negri, Martin Burdin, Lechi, Calciati, les jardiniers de Lainate, de Monza, des îles Borromées et autres, suivirent l'exemple de feu M. Sacco, et introduisirent ainsi successivement dans le commerce une foule de variétés plus ou moins estimées. Tous ces messieurs réunis possèdent aujourd'hui plus de 40 mille Camellia de semence.

Mais, comme le bien est souvent à côté du mal, nous devons dire que les jardiniers milanais, si favorisés par la nature, abusent quelquefois des dons qu'elle leur accorde; aussi sont-ils généralement accusés de jeter tous les jours dans le commerce, sous des noms emphatiques, ampoulés et vides de sens, une quantité de Camellia de nul mérite, des médiocrités pitoyables. Ces accusations sont bien fondées, justes, et universellement partagées, mais nous aimons à croire que les jardiniers qui en sont l'objet n'ont pas en vue le but d'une ignoble et criminelle spéculation ; nous croyons plutôt qu'ils agissent ainsi entraînés par une cause naturelle, involontaire et innocente que voici :

Les jardiniers milanais, qui visent à obtenir exclusivement des nouveautés par la voie du semis, ne possèdent pas, en général, ces belles variétés étrangères du Japon, de la Chine, anglaises et américaines, qui forment la base de nos collections ; en conséquence, ils manquent de moyens de comparaison, et ce défaut les égare souvent dans l'appréciation de leurs produits : de là il s'ensuit que ce qu'ils appellent rare, nouveau, magnifique, n'est souvent que médiocre, ancien et commun. Les étrangers ont raison de crier contre cet abus, et, quoique nous le croyions involontaire, cependant nous saisissons avec empressement cette occasion pour engager les jardiniers milanais à changer cette manière d'agir qui leur fait le plus grand tort ; nous les prions d'être dorénavant plus circonspects, plus justes et plus sévères dans leurs gains. C'est ainsi qu'on bornera le nombre des variétés et qu'on aura des collections plus choisies.

Camellia anglais.

Nous ne pouvons parler de Camellia de semence sans nommer ceux qui nous viennent des Anglais. Les plus beaux Camellia européens qui embellissent nos serres nous viennent de l'Angleterre et de l'Ecosse. Les horticulteurs de ces pays qui possèdent toutes les variétés connues sont à même de comparer, juger et choisir. Sévères, consciencieux et intelligents, les Anglais et les Écossais ne livrent au commerce que ce qui est véritablement nouveau, véritablement beau, véritablement digne de l'admiration universelle. Nous ne sommes que juste envers MM. Chandler et Knight en disant qu'ils ont rendu de grands services à l'horticulture.

Camellia américains.

Il y a environ vingt ans que les Américains s'occupent de la culture du Camellia. Les endroits où cette culture se fait avec plus de succès sont New-York, Philadelphie et Boston ; et ce sont les gens les plus élevés de la société qui s'en occupent avec une persévérance incroyable. Doués d'une probité rare, pleins d'honneur et de modération, sages, instruits et modestes, ces messieurs introduisent, tous les ans, dans le commerce, quelque variété d'un mérite réel. MM. *Floy, Harrisson, Smith, Buist, Wilder, Pherwood, Landreth, Dunlop* trouveront ici les remerciments que nous leur adressons au nom de l'horticulture.

§ 27. — *Contre l'usage de palisser les Camellia dans les serres.*

Plusieurs amateurs de notre connaissance nous ont demandé ce que nous pensions sur l'usage de palisser les Camellia contre le mur du fond de la serre. L'expérience nous ayant démontré que ce mode de culture est mauvais, nous allons en donner des preuves pour éloigner de cette idée ceux qui seraient tentés de faire ce malheureux essai. Tout le monde sait que le Camellia est un arbrisseau bien fait, droit, garni de branches latérales régulières, orné d'un beau feuillage, large, luisant, un arbrisseau enfin qui, par son beau port majestueux et élégant, offre à l'œil de l'homme, de quelque côté qu'on le regarde, un aspect agréable. Une plante si bien formée, quelque grande que soit sa beauté, est à moitié perdue, ou du moins en grande partie sacrifiée, lorsqu'on la fixe et on l'aplatit contre un mur. Secondement la tige et les branches se trouvant gênées par les obstacles que lui présente le mur, sa végétation n'est jamais vigoureuse : les boutons qui sortent entre le mur et les branches sont ou sacrifiés, ou mal développés, ou moitié cachés, et la floraison, lorsqu'elle y réussit, ne se montre qu'en partie.

Mais, indépendamment de tous ces motifs, il en existe d'autres plus importants pour renoncer à adopter cet usage, c'est la santé de la plante qui est en danger ; les insectes, la poussière, l'humidité constante et froide du mur, le manque de circulation d'air, la privation de lumière sont des ennemis qui l'attaquent tous les jours. Une végétation rabougrie apparaît d'abord ; ensuite l'avortement des boutons, plus tard la chute des feuilles, enfin la mort du végétal en sont les funestes conséquences. On peut bien, quoique avec peine, le nettoyer des insectes ; je dis avec peine, car les insectes et leurs œufs qui sont sur les branches contre la muraille échappent à la vue et à l'adresse du jardinier ; on peut aussi la débarrasser de la poussière, mais imparfaitement, à cause des obstacles que présente la position des rameaux ; mais ce qui est impossible à pratiquer, c'est de le sauver de l'humidité excessive qui, s'échappant de tous côtés de la serre, vient se fixer à tout instant contre le mur, pour y rester en permanence.

Pour toutes ces raisons donc, fondées sur la fatale expérience de plusieurs jardiniers qui en ont été victimes, nous insistons pour que les amateurs s'abstiennent de palisser les Camellia ; beau dans tous ses détails, le Camellia doit être vu par toutes ses faces.

§ 28. — *Sur l'abus des noms et sur la double nomenclature de quelques Camellia. Moyen de ne pas se tromper.*

Nous avons hésité longtemps avant de nous décider à écrire cet article : mais, voyant que la mauvaise foi fait tous les jours des progrès et connaissant les conséquences fâcheuses qu'elle produit, nous avons cru bien faire de signaler le mal et d'en indiquer le remède.

Beaucoup d'amateurs, peu initiés dans la culture du Camellia, et encore moins familiarisés avec le langage de certains jardiniers, se laissent séduire par l'appât des noms emphatiques que portent un grand nombre de Camellia dans les catalogues. C'est sur la foi de ces catalogues que ces amateurs inexpérimentés, sans connaître les variétés qu'ils recherchent, ni les personnes auxquelles ils s'adressent, font aveuglément leur choix, et, après avoir supporté des sacrifices considérables d'argent et de temps, c'est au moment de la floraison qu'ils s'aperçoivent que leurs plantes sont médiocres ou qu'elles ne sont pas celles qu'ils ont demandées, ou même qu'on leur a donné la même variété sous plusieurs noms différents. Cet abus, devenu malheureusement fort commun, s'il fait beaucoup de tort aux acheteurs il en fait encore davantage aux marchands, car il leur ôte le principal mérite de l'honnête homme, la confiance.

Pour remédier à un inconvénient si funeste, nous n'avons qu'un conseil à donner aux amateurs, c'est ou de s'adresser, pour leurs achats, à des jardiniers connus par leur probité et instruits dans leur profession, ou de renoncer à faire une acquisition quelconque de Camellia, sans avoir vu préalablement la fleur de la variété qu'ils recherchent, ou, enfin, sans avoir consulté notre monographie.

Nous disons d'abord de s'adresser à des jardiniers connus par leur probité et instruits. La probité est la première base

du commerce ; mais, en fait de Camellia, elle n'est pas suffisante si elle n'est pas accompagnée de l'instruction. Un jardinier probe doit savoir et connaître ce qu'il vous donne ; il
doit, en conséquence, pour sauver sa probité, s'assurer par
lui-même de l'identité de ses plantes, les étudier, les observer, les comparer avant et après leur floraison ; en un mot,
il doit, avant de livrer sa marchandise , pouvoir assurer et ga-
rantir l'amateur de l'avoir servi en toute conscience.

Nous disons aussi de refuser de faire une acquisition quelconque sans avoir vu préalablement la fleur..... Un amateur
qui veut former une collection choisie doit avoir devant lui
beaucoup de temps, s'armer de beaucoup de patience, agir de
sang-froid, voir par lui-même, examiner, chercher, rechercher, et pour cela il a deux moyens de faire, ou d'aller de
serre en serre, de jardinier en jardinier, d'établissement en
établissement, ou de se procurer les livres qui rapportent le
portrait des fleurs les plus renommées, et pour cela nous
sommes intéressé à lui indiquer notre iconographie (1). La
fidélité qu'il trouvera dans l'exécution de cet ouvrage lui
apprendra d'un coup d'œil la manière de faire un choix parfait;
de plus, les instructions et les préceptes qui y sont contenus
sur la culture de l'arbrisseau en question lui fourniront les
moyens de le conserver en bonne santé.

Nous disons enfin de ne pas faire une acquisition de Camellia sans avoir consulté notre monographie.

Dans l'édition que le lecteur a sous les yeux, il y a plus
de 500 variétés décrites, et pour apprendre aux amateurs
la manière de faire un choix selon leur goût, et pour que ce
choix soit basé sur des notions plus précises, nous avons

(1) *Iconographie du genre Camellia* ou collection des Camellia les
plus beaux et les plus rares, peints d'après nature dans les serres
de M. l'abbé Berlèse, à Paris; par M. J.-J. Young, avec la description
exacte de chaque fleur, accompagnée d'observations pratiques sur la culture de cette plante par l'abbé Berlèse; prix, 2 fr. 25 c. par livraison,
chez L. Bouchard-Huzard, rue de l'Éperon, 7.

non-seulement marqué par une épithète spéciale, à la fin de chaque description, le degré de mérite propre à chaque plante, mais nous avons aussi fait connaître avec soin la synonymie sous laquelle elle se trouve dans le commerce, la forme de sa fleur, son origine, sa véritable nomenclature; en un mot, nous n'avons rien négligé pour éclairer les amateurs, et pour qu'ils puissent agir avec connaissance de cause.

CHAPITRE III.

MÉTHODE DE CLASSIFICATION.

Avant de passer à la description des espèces ou variétés, nous devons exposer la méthode de classification dont nous avons parlé plus haut, page 4.

Cette méthode consiste en deux séries ou gammes chromatiques ascendantes des tons et des nuances naturelles aux fleurs des variétés principales du Camellia, toutes issues, comme nous l'avons dit, du *Camellia japonica* proprement dit.

La première gamme commence par le *Blanc pur*, qui passe au *Rose*, ensuite au *Cerise* plus ou moins foncé, va à l'*Amarante* ou au *Rose de Provence*, et s'arrête au *Pourpre*.

La seconde gamme commence par le *Carné jaunâtre* (*Blanc sale*), qui passe au *Chair*, ensuite à l'*Orangé* clair ou foncé, et s'arrête au *Ponceau*.

Les fleurs de ces deux gammes sont, comme nous l'avons dit ailleurs, ou *unicolores* ou *bicolores*. Les *unicolores* sont celles qui ne subissent aucune modification dans l'unité de leur couleur, comme celles indiquées dans la gamme n° 1er du tableau.

Les *bicolores*, au contraire, subissent plusieurs modifications et présentent cinq divisions différentes.

La première gamme en comprend trois ; ce sont :

1° Les fleurs à *fond blanc*, striées ou panachées de *rose ;*

2° Les fleurs à *fond rose*, striées ou panachées de *cerise ;*

3° Les fleurs à *fond cerise*, striées ou panachées de *blanc.*

La seconde gamme en comprend deux ; ce sont :

1° Les fleurs à *fond blanc sale, couleur de chair*, striées de *blanc ;*

2° Les fleurs à *fond rouge orangé* plus ou moins foncé, striées ou panachées de *blanc.*

Dans la première gamme (et ici nous empruntons le langage du peintre), le *Blanc* n'est dominé par aucune couleur.

Le *Rose* est dominé ou par la *Laque rose clair* et le *Jaune de Naples*, comme dans le n° 1er du tableau peint ;

Ou par la *Laque rose clair, Jaune de Naples* et *Vermillon*, comme dans les n°s 2 et 3 du même tableau ;

Ou par la *Laque rose foncé, Jaune de Naples* et *Vermillon*, comme dans le n° 4 du même tableau.

Le *Cerise* clair ou foncé est dominé ou par la *Laque carminée*, qui, mêlée avec plus ou moins de *Laque rose* et *Vermillon*, produit l'*Amarante* plus ou moins foncée, n° 1 ;

Ou par la *Laque carminée*, mêlée avec plus ou moins de *Vermillon*, qui produit le *Rouge des Indes*, comme dans le n° 3 ;

Ou par le *Carmin*, mêlé avec plus de *Vermillon*, qui produit le *Rose de Provence*, ou le *Pourpre*, comme dans les n°s 4, 5, 6 et 7.

Dans la seconde gamme, le *Blanc sale,* ou la couleur de chair, est dominé par la *Laque rose clair* et le *Cinnabre,* comme dans les n°s 1, 2 et 3.

Le *Rouge orangé clair* de cette même gamme est dominé par la *Laque rose* avec plus de *Cinabre,* comme dans les n°s 1, 2, 3 et 4.

Le *Rouge orangé foncé* est dominé par le *Carmin,* mêlé avec plus ou moins de *Cinabre,* ce qui produit le *Ponceau,* n_o 5, 6, 7 et 8.

CHAPITRE IV.

DESCRIPTION DES ESPÈCES ET VARIÉTÉS.

PREMIÈRE GAMME.

Camellia unicolores.

FLEURS BLANCHES.

1. C. *Alba simplex.*

Arbrisseau vigoureux, à rameaux diffus ; feuilles de 6 centimètres de large sur plus d'un décimètre de long, ovales-arrondies, peu aiguës, très-veinées et dentées régulièrement, d'un vert foncé ; port du C. *variegata plena ;* bouton gros, pointu, à écailles calicinales, d'un vert pâle ; fleur de 7 centimètres de diamètre, régulière, simple, d'un blanc pur ; pétales larges, au nombre de 5 ou 6, blancs, quelquefois avec des taches rouges ; étamines serrées en faisceau ; le pistil les dépasse en longueur ; porte fruits. — *Jolie variété.*

2. C. *Alba plena.*

Feuilles de plus de 6 centimètres de large sur presque 1 décimètre de long, ovales-allongées, aiguës; le pétiole court; échancrées, roulées en dessous au sommet, irrégulièrement dentées, d'un vert terne et à nervures saillantes; bouton gros, ovale, à écailles calicinales verdâtres; fleur très-grande, 1 décimètre de diamètre, pleine, régulière, dépourvue d'organes sexuels remplacés par des pétales nombreux, épais, en spirale, imbriqués, d'un blanc de lait, formant une corolle bien arrondie, d'un décimètre de diamètre et d'une forme extrêmement élégante. — *Magnifique.*

3. C. *Amabilis.*

Feuilles de 6 centimètres de large sur plus d'un décimètre de long, ovales-arrondies, aiguës, un peu acuminées, horizontales, à nervures profondes, régulièrement dentées, d'un vert terne; bouton allongé, à écailles verdâtres; fleur terminale, grande, blanche, simple, à 8 pétales, quelques étamines au centre; elle diffère fort peu du C. *alba simplex.* — *Belle.*

* 4. C. *Axillaris.*

Feuilles oblongues, glabres, planes, coriacées, dentées au sommet; les supérieures sont tout à fait entières; fleur d'un blanc jaunâtre. Cette plante nous semble être plutôt un *Gardenia* qu'un *Camellia;* elle demande beaucoup de chaleur pour bien végéter.

5. C. *Anemonæflora, Alba plena.*

Feuilles moyennes de la couleur et de la grandeur de celles du C. *Pomponia plena.* Arbrisseau vigoureux; bouton très-gros, déprimé au sommet et presque rond, à écailles vertes et luisantes; fleur pleine, très-grande, 122 millimètres de diamètre, d'un blanc de neige éblouissant; pétales extérieurs grands, foliacés, renversés, quelquefois tachés de rouge aux onglets et irrégulièrement disposés; ceux des rangs intérieurs assez longs, droits, découpés en lanière, réunis et serrés en une grosse boule aplatie, au milieu de laquelle sont confondues quelques étamines stériles et presque invisibles. — *Superbe.*

6. C. *Anemonæflora Warrata carnea.*

Feuilles de 44 millimètres de large sur 85 millimètres de long, ovales-allongées, peu aiguës, forme et couleur de celles du Welbancksiana; bouton petit, à écailles vertes; fleur blanche, double, petite, ressemblant beaucoup à une petite fleur du *Pomponia,* improprement appelée carnée, car il n'y a rien de couleur de chair dans cette fleur. — *Jolie.*

7. C. *Calypso.* (Mar.)

Feuilles ovales-allongées, un peu inclinées vers la terre; bouton obtus, blanchâtre au sommet; fleur d'environ un décimètre de diamètre, blanche, double; pétales de la circonférence sur deux rangs, très-larges, un peu tourmentés, échancrés, inégaux; les autres qui les suivent sont très-nombreux, confondus, serrés, irréguliers, les uns droits, les autres couchés, les uns larges et longs, les autres étroits et courts, tous tourmentés et formant un centre irrégulier et bizarre, qu'on voit très-rarement dans les Camellia. — *Très-belle.*

8. C. *Cassellii.*

Arbuste peu vigoureux; feuilles de 45 millimètres de large sur 80 millimètres de long, lancéolées, très-acuminées, réfléchies, inclinées, dentées largement et irrégulièrement; bouton moyen, obtus, à écailles verdâtres; fleur de moins de 8 centimètres de diamètre, double, blanche; pétales peu nombreux, de moyenne force, allongés, obtus, peu échancrés, étalés avec grâce en cuiller, distants; quelquefois deux ou trois sont marqués d'une petite ligne médiale, couleur rose tendre, presque invisible; au centre un petit groupe de pétales, dressés, étroits, d'un blanc jaunâtre. — *Jolie.*

9 . C. *Conchiflora alba*. (Cas.)

Arbuste vigoureux, d'une végétation très-rapide ; feuilles larges, épaisses, arrondies, dans le genre de celles du C. *alba simplex;* bouton allongé, à écailles verdâtres ; fleur de 8 centimètres de diamètre, double, blanche ; pétales extérieurs, larges, bien imbriqués, mais peu nombreux : l'intérieur en renferme d'autres moins grands , entremêlés d'étamines. — *Très-jolie.*

10. C. *Claritas*.

Feuilles de 48 millimètres de large sur 100 de long, lancéolées, tourmentées, dans le genre de celles du *conspicua ;* bouton ovale-obtus assez gros, à écailles jaunâtres ; fleur de 85 millimètres de diamètre, double, blanche ; pétales extérieurs sur plusieurs rangs, assez bien étalés et imbriqués ; ceux du centre en anémone, nombreux, courts, et formant un centre large, également déprimé ; corolle dans le genre du *nobilissima.* — *Superbe.*

11. C. *Chrysanthemiflora*.

Cette plante ressemble tout à fait, par son port, son feuillage et son bois, au C. *Pomponia plena ;* bouton petit, allongé, écailles vertes ; fleur de 7 millimètres de diamètre, double, blanc, terne. Le premier rang de la circonférence est composé de 9 pétales, grands, arrondis, étalés irrégulièrement ; ceux de l'intérieur sont nombreux, allongés, minces, droits, en forme d'aiguille, tuyautés, ressemblant à ceux du Chrysanthème blanc ancien, même forme, même disposition, mais courts. — *Plus curieuse que belle.*

12. C. *Campsii*.

Fleur pleine, d'environ 8 mill. de diamètre, d'un blanc de lait pur, pétales sur 7 ou 8 rangs, de moyenne force, arrondis, rapprochés, étalés les uns après les autres, et imbriqués tous régulièrement de la circonférence au centre. Quelquefois on rencontre sur la même plante des fleurs qui sont moins régulières, et alors les pétales extérieurs sont moins bien imbriqués, et ceux du centre sont foliacés, tourmentés, allongés et étroits. Corolle en rosace parfaitement ronde et régulière. — *Superbe.*

13. C. *Candidissima.*

Feuilles petites, de 44 mill. de large sur 9 de long, elliptiques ou ovales-allongées, aiguës, horizontales, planes, épaisses, luisantes, lisses, très-finement dentées, d'un vert pâle, souvent tachées de jaune; arbrisseau d'un joli port, vigoureux; bouton ovale, assez gros avant son épanouissement, à écailles, d'un vert blanchâtre; fleur très-grande, d'un décimètre et plus de diamètre, pleine, d'un blanc très-pur; pétales imbriqués régulièrement, et ressemblant beaucoup à ceux du Camellia blanc double, et au nombre de 70 à 75, larges, un peu échancrés au sommet, et diminuant en largeur à mesure qu'ils approchent du centre. — *Magnifique.*

14. C. *Compacta.*

Feuilles ovales, aiguës, très-finement dentées, rapprochées, dans le genre de celles du *C. Pœoniæflora*, mais d'un vert plus terne; surface finement ponctuée ou grenelée; bouton oblong, petit, à écailles vertes; fleur petite, 32 mil. de diamètre, double, d'un blanc très-pur; pétales extérieurs sur 3 rangs, fermes, entiers, bien imbriqués; ceux du centre, nombreux, petits, droits, fasciculés, réguliers, taillés en fer de lance et entremêlés de quelques étamines fertiles. — *Superbe.*

15. C. *Curvatifolia.*

Feuilles semblables à celles du thé, de 80 mil. de long sur 34 de large, lancéolées, très-aiguës, dont le sommet est singulièrement recourbé en crochet dont la pointe regarde la terre, nervures apparentes, peu nombreuses; fleur blanche, régulière, très-double, de 98 mil. de diamètre; pétales disposés en une rosette régulière, d'un blanc très-pur ; ceux de la circonférence émarginés à leur bord , légèrement sinueux; ceux du centre , irréguliers et un peu tourmentés. — *Superbe.*

16. C. *Drouard-Gouillon.*

Arbrisseau vigoureux , ayant un beau port et un joli feuillage; bouton assez gros, un peu allongé ; fleur d'environ 95 mil. de diamètre, pleine, blanche, forme du *Welbancksiana. — Très-belle.*

17. * C. *Euryoides.*

Rameaux grêles et effilés, tige pyramidale, feuilles petites , ovales-lancéolées, creusées en gouttière, assez profondément dentées; fleur petite , simple blanche , un peu odorante.

17 *bis.* C. *Delectabilis.*

Arbrisseau vigoureux , droit , doué d'un beau port ; feuilles de 65 mil. de large sur 95 , difformes, allongées, d'un beau vert; bouton à écailles noirâtres; fleur d'environ 8 centim. de diamètre, double, blanche. — *Belle.*

18. C. *Excelsa,* voy. *Rollisoni.*

19. C. *Fenestrata alba.*

Feuilles d'environ 54 mil. de large sur plus de 93 de long, allongées , horizontalement disposées, nervures peu apparentes , bien dentées, d'un vert terne ; bouton extrêmement gros, obtus , à écailles noirâtres au sommet et verdâtres à la base ; fleur de plus de 10 centimètres de diamètre, d'un blanc de lait pur et très-pleine ; pétales très-nombreux, presque aussi larges que longs, en éventail, minces, en cuiller, sur six ou sept rangs.

Les premiers sont étalés avec plus ou moins de régularité, et appuyés sur le calice ; les autres sont moins réguliers dans leur forme , et disposés différemment ; ceux du centre sont serrés , dressés , chiffonnés. C'est une magnifique fleur qui a quelque ressemblance avec le *Welbancksiana*, mais d'un diamètre plus large.

20. C. *Fimbriata*.

Feuillage tout à fait pareil à celui du *C. alba*, arbrisseau toutefois moins vigoureux ; bouton gros, arrondi, à écailles d'un jaune noirâtre ; fleur de 95 mil. de diamètre, pleine, déprimée ; pétales gracieusement imbriqués, dentés ou mucronés à leur limbe supérieur. — *Superbe*.

21. C. *Gallica alba*.

Arbrisseau très-vigoureux, les jeunes pousses verdâtres ; feuilles ovales-oblongues, finement dentées et assez acuminées ; bouton ovale, pointu, à écailles verdâtres ; fleur grande de 95 mil. de diamètre, semi-double, d'un blanc de lait ; les pétales de la circonférence sont larges, arrondis et cordiformes ; ceux du milieu plus petits, allongés, échancrés en cœur et entremêlés d'étamines. — *Très-belle*.

22. C. *Grunelli*.

Arbrisseau d'un joli port ; feuilles de 8 centim. de large sur plus d'un décim. de long, ovales - allongées, lancéolées, épaisses, horizontales, très-nervées et dentées, d'un vert terne ; bouton très-gros, obtus, à écailles verdâtres ; fleur de plus d'un décimètre de diamètre, pleine, d'un blanc pur ; pétales extérieurs sur quatre rangs, larges, ovales-oblongs, bien imbriqués et légèrement échancrés au sommet ; ceux de l'intérieur sont petits, nombreux, en faisceaux, et forment une rosace à peu près dans le genre du *Pulcherrima*. — *Magnifique*.

23. C. *Grandiflora alba*.

Feuillage très-large dans le genre du *Punctata semiplena*. Fleur de plus d'un décimètre de diamètre, pleine et d'un blanc de lait ; pétales extérieurs sur cinq ou six rangs, ovales-arrondis, épais, larges, échancrés profondément au sommet, retournés avec grâce en forme de coquille renversée, et imbriqués tous avec régularité ; ceux qui les suivent sont peu nombreux, plus petits, allongés, disposés en croix et imbriqués : ceux du milieu au nombre de quatre ou cinq, sont contournés et recoquillés de manière à cacher le point central de la corolle. — *Magnifique.*

24. C. *Gardeniæflora.*

Feuilles ovales, obrondes-horizontales, très-nervées et bien dentées, d'un vert très-foncé; bouton un peu pointu, de moyenne grandeur, et à écailles calicinales, verdâtres; fleur de 90 mil. de diamètre, quelquefois davantage, double, d'un blanc pur; corolle en rosace étalée, aplatie, en cœur déprimé; pétales larges, imbriqués, quelques-uns échancrés, d'autres entiers. La surface supérieure de ces pétales, au lieu d'être plane et lisse, se trouve comme ridée, frisée, tourmentée, ou recoquillée comme un ruban chiffonné. Ceux du milieu sont plus petits et tourmentés comme les premiers. — *Très-belle.*

25. C. *Haylokii.*

Feuilles d'environ 68 mil. de large sur plus de 140 de long, allongées, acuminées, horizontales, rapprochées ; nervures très-saillantes, largement dentées, ressemblant un peu à celles de l'*elegans Chandlerii;* bouton ovale, obtus, à écailles blanchâtres ; fleur de plus d'un décimètre de diamètre, pleine et d'un blanc de lait pur. Pétales extérieurs à peu près quinze sur deux rangs, distincts, larges de 50 mil., renversés, étalés avec ordre et très-échancrés au sommet. Une ou deux petites raies presque invisibles paraissent sur un ou deux de ces pétales, et, comme ces raies ne sont qu'accidentelles, nous classons cette variété parmi les blancs. Ceux de l'intérieur sont en anémone, petits, allongés, touffus comme dans le *Pomponia.* — *Magnifique.*

26. C. *Heteropetala alba.*

Feuilles ovales, allongées, assez larges, rapprochées, d'un

vert terne. Bouton gros, obtus, à écailles vertes. Fleur de 100 mil. de diamètre, quelquefois même de 115, si la plante est forte, double, d'un blanc de lait. Pétales de la circonférence sur quatre rangs, bien imbriqués, un peu tourmentés. Ceux du centre sont en pompon et légèrement frangés. — *Superbe.*

27. C. *Harrissonii.*

Arbrisseau vigoureux, les branches courbées à l'articulation de chaque feuille, rameaux écartés. Feuilles de 54 mil. de large sur 80 de long, ovales-arrondies, horizontales, réfléchies, à fortes nervures, très-dentées, et d'un vert pâle. Bouton ovale-oblong à écailles moitié noirâtres et moitié verdâtres. Fleur d'un blanc très-pur, de 54 mil. de diamètre, quelquefois davantage, mais gracieusement modelée. Pétales petits, régulièrement imbriqués du centre à la circonférence; dépourvue totalement d'organes sexuels. — *Très-jolie.*

28. C. *Kissy.*

Feuilles lancéolées, peu fermes, d'un vert terne, ressemblant un peu à celles du C. *sassanqua* simple, mais plus acuminées. Fleur petite, blanche, simple, un peu odoriférante.

29. C. *Lucina plena.*

Feuilles de 54 mil. de large sur 80 de long, ovale-arrondies, sommet rétréci et peu acuminé, distantes, horizontales, largement dentées, d'un vert clair. Bouton gros, obtus, écailles noirâtres à la base, et d'un vert jaune au sommet. Fleur de plus de 80 millim. de diamètre, pleine et blanche, le centre, seulement, est un peu lavé de jaune clair. Pétales larges, imbriqués avec grâce, renversés régulièrement, échancrés profondément. Deux ou trois points rouges presque imperceptibles se montrent sur deux ou trois pétales; mais ces points ont si peu de dimension et de couleur, qu'on peut placer cette fleur parmi les blanches. — *Superbe.*

6

30. C. *Lacteola.*

Feuilles de 54 mil. de large sur 80 mil. de long, bien placées, ovales-arrondies, un peu obtuses, très finement dentées, d'un vert obscur; arbrisseau très-bien fait. Bouton gros, oblong, à écailles jaunâtres, dont le bord est noir; fleur grande, de 80 mil. de diamètre, semi-double, d'un blanc pur; pétales extérieurs renversés, ceux du centre droits, un peu chiffonnés et entremêlés d'étamines stériles. — *Superbe.*

31. C. *Londinensis alba.*

Bouton de moyenne grandeur, à écailles calicinales jaunâtres. Fleur d'un blanc pur, double, et d'environ 9 centimètres de diamètre, quelquefois davantage. Pétales extérieurs sur plusieurs rangs, bien disposés, larges, allongés, nombreux et irrégulièrement imbriqués : ceux de l'intérieur sont ramassés, et forment un centre inégal. *Superbe.*

32. C. *Leucantha* (Amér.)

Arbrisseau de moyenne force, assez robuste, d'un port peu élégant. Feuilles de 54 millim. de large sur 90 de long, arrondies, horizontales, à nervures profondes, d'un vert terne. Bouton un peu pointu, assez gros et à écailles calicinales vertes. Fleur grande, double, blanche. Cette description nous a été transmise par un jardinier belge. Il n'a pas encore fleuri chez nous.

33. C. *Maria Dorothea*, Baum.

Feuilles de 5 cent. de large sur 1 décim. de long, allongées, recourbées au sommet, horizontales, presque droites, fortes nervures largement dentées, d'un vert foncé. Bouton obtus, à écailles verdâtres. Fleur de 84 mill. de diam., peut-être davantage sur un fort sujet, pleine, blanc pur. Corolle en rosace, ronde, parfaite et régulière, à cœur rentré. Pétales oblongs, élargis au limbe, imbriqués régulièrement du centre à la circonférence, échancrés très-profondément et très-largement. Toute la partie échancrée est frangée. C'est une fleur extrêmement jolie.

34. C. *Nivea* ou *virginica alba*.

Rameaux courts et grêles; feuilles petites, ovales, recourbées; nervures assez prononcées; fleur irrégulière, semi-double, large, blanche, et de beaucoup d'apparence.

35. C. *Nivea vera*.

Feuilles de 54 millim. de large sur 95 de long, forme, nervures et couleur de celles du C. *imperialis*; bouton de moyenne force, un peu pointu, à écailles vertes; fleur d'environ 100 millim. de diamètre, semi-double, blanche; pétales extérieurs larges, arrondis, échancrés; étamines presque toutes stériles, droites, assez longues, écartées et formant un groupe qui entoure cinq ou six pétales centraux, très-petits, longs, taillés en lanières; corolle en coquille élégante. — *Très-jolie*.

36. C. *Nivalis* de Loddiges ou *Lactea* d'Young.

Arbrisseau d'une végétation très-rapide et élancé; feuilles de plus de 70 millim. de large sur plus de 108 de long, arrondies, épaisses, horizontales, très-nervées, dentées régulièrement, surface raboteuse, vert foncé; bouton allongé, à écailles jaunâtres; fleur de 8 centimèt. de diamètre, double, en coupe évasée, d'un blanc de neige ou de lait; pétales extérieurs, de vingt à vingt-deux, larges, en éventail, échancrés, bien imbriqués, épais; quelques étamines fertiles au centre, mêlées avec d'autres pétaloïdes. — *Superbe*.

37. C. *Nobilissima*. (Lef.)

Feuilles de 68 millim. de large sur 100 mill. de long, diverses, ovales, arrondies, bien acuminées, un peu en parasol, horizontales, épaisses, très-nervées et dentées, d'un beau vert.

Bouton obtus, à écailles jaunes, fleur de plus de 90 millim. de diamètre, pleine, blanche. Pétales extérieurs sur quatre ou cinq rangs, nombreux, bien imbriqués et transparents; ceux de l'intérieur sont en un seul groupe, longs, inégaux, tourmentés et serrés entre eux avec régularité, formant un centre séparé comme dans le *Pomponia plena*. — *Superbe*.

38. C. *Oleifera*.

Arbrisseau très-élevé, pyramidal; feuilles ovales-oblongues, légèrement crénelées, lisses; fleurs *biternées*, blanches, simples, assez grandes. C'est du fruit de cet arbrisseau que les Chinois tirent une huile d'une odeur suave qui sert à parfumer leurs habitations.

39. C. *Oleifera plena*. (Mar.)

Arbuste élancé, pyramidal, peu gracieux; feuilles tout à fait pareilles à celles du *C. oleifera*, d'où il sort; bouton pointu, petit, à écailles calicinales noirâtres; fleur d'environ 56 millim. de diamètre, semi-double, blanche; pétales au nombre de 9 ou 10, de moyenne force, profondément échancrés au sommet, et formant une corolle de peu d'apparence; étamines au centre.

40. C. *Oleæfolia latifolia*.

Feuilles oblongues, presque sessiles, un peu pincées en dedans, inégalement dentées; bouton petit, ovale, un peu tomenteux, à écailles jaunâtres; fleur simple, blanche, de moyenne grandeur; le centre est un peu jaunâtre et évasé.

41. C. *Palmerii alba*, voy. *C. Pomponia semi-plena*.

41 bis. C. *Pomponia semi-plena*.

Arbrisseau très-vigoureux, s'élevant de 5 à 6 mètres, d'un port fort élégant; feuilles ovales-lancéolées, un peu acuminées, souvent recourbées aux deux extrémités; nervures peu saillantes, lisses, finement dentées, forme, couleur et dimension de celles du *Pomponia plena*; bouton gros, arrondi, à écailles d'un vert blanchâtre; fleur très-grande, de près de 108 millim. de diamètre, semi-double, régulière, d'un blanc éclatant, ayant souvent une partie de ses pétales largement rayée de rose, à partir de l'onglet, et qui vient se fondre en s'élargissant près du sommet du limbe ; étamines nombreuses, disposées en faisceaux au centre de la fleur. — *Magnifique.*

42. C. *Pomponia plena.*

Feuilles ovales, allongées, très-aiguës, rapprochées, lisses, l'extrémité recourbée vers la terre, finement dentées, d'un vert terne, de 54 millim. de large sur 82 de long ; quelques-unes d'une plus grande dimension ; arbre vigoureux, à rameaux diffus, et qui tend à s'élancer çà et là, sans ordre, s'il n'est pas dirigé par la taille ; bouton gros, arrondi, à écailles vertes ; fleur très-grande, de 120 millim. de diamètre, pleine et d'un blanc pur. Les pétales de la circonférence sont plans ou ondulés, ceux du centre sont creusés en gouttière, blancs et à onglet rouge, et quelquefois nuancés d'un jaune léger. Cette belle variété n'est pas constante dans la couleur de ses fleurs, car souvent on rencontre sur le même sujet des fleurs rouges, roses et blanches. — *Magnifique.*

43. C. *Rollisoni,* ou *Excelsa.*

Feuilles de 41 millim. de large sur 64 millim. de long, ovales-arrondies, peu pointues, horizontales, à nervures profondes, finement dentées, d'un vert obscur ; bouton obtus, à écailles blanchâtres ; fleur moyenne, double, d'un blanc de lait et d'une forme charmante ; pétales extérieurs disposés sur plusieurs rangs, échancrés au sommet ; ceux de la circonférence sont frangés, tous sont imbriqués et renversés régulièrement sur le calice ; le centre est composé d'étamines presque toutes pétaloïdes, à cœur jaunâtre. — *Jolie.*

44. C. *Sassanqua.*

Arbrisseau à rameaux ouverts, rougeâtres et velus dans

leur jeunesse ; feuilles de 54 millim. de large sur 81 de long, alternes, ovales, obtusément dentées, marginées, fermes, d'un vert terne ; fleur petite, simple, composée de 5 pétales, d'un beau blanc, sessiles, terminales.

45. C. *Splendidissima*, Berl.

Arbuste d'environ 1 mètre d'élévation, vigoureux, pyramidal ; feuilles de 95 millim. de large sur 122 de long, ovales-arrondies, presque cordiformes ; nervures nombreuses et apparentes, légèrement dentées, luisantes, d'un vert foncé ; boutons gros, ovales, obtus, de la forme de l'ancien C. blanc double, à écailles verdâtres ; fleur de 1 décim. de diamètre, pleine, blanche ; corolle à peu près de la forme du *C. Colvilii* ; pétales de la périphérie larges, nombreux, réfléchis, ondulés, irréguliers, un peu laciniés à leur bord et d'un blanc pur ; ceux de l'intérieur sont plus étroits, allongés, nombreux. très-serrés, frisés, ainsi que ceux de la circonférence, et d'un blanc moins éclatant ; point d'organe sexuel apparent. — *Magnifique*.

46. C. *Splendens alba*.

Nous avons vu la fleur de cette variété à l'établissement horticole, boulevard Mont-Parnasse, n. 37 : ne la connaissant pas sous d'autres noms, nous la laissons sous celui que nous l'avons trouvée.

Feuilles de 6 centim. de large sur 7 de long, ovales-arrondies, presque cordiformes, en parasol, horizontales, très-nervées, et d'un vert très-foncé ; bouton rond, obtus, à écailles noirâtres ; fleur de 8 centim. de diamètre, pleine, d'un blanc sale ; pétales extérieurs obronds, de moyenne force, peu nombreux, très échancrés au sommet et peu étalés ; ceux qui les suivent sont en grand nombre, en paquets, allongés, droits, et entremêlés d'étamines courtes et fertiles. Cette fleur ressemble à celle du *C. Welbancksiana*; mais le feuillage est tout à fait différent. — *Très-belle*.

47. C. *Stephani*.

Fleur de plus de 11 centim. de diamètre, d'un blanc net, pleine; pétales de la circonférence sur plusieurs rangs, larges, bien étalés, échancrés et irrégulièrement disposés sur le calice; ceux qui les suivent sont de moyenne force, inégaux, dressés, groupés en masse compacte, et formant un intérieur bombé, large, inégal; corolle dans le genre du *Nobilissima*. — *Superbe.*

48. C. *Triphosa vera*.

Feuilles d'environ 56 millim. de large sur presque 90 de long, les unes ovales-arrondies, les autres ovales-lancéolées, très-nervées, d'un vert foncé; bouton ovale-allongé, un peu pointu, à écailles vertes; fleur de presque 110 millim. de diamètre, pleine, blanche; corolle en coupe très-gracieuse; pétales de la circonférence bien disposés, un peu renversés au bord, ceux du centre nombreux, ramassés, en touffe, courts, façonnés inégalement. Ressemble au *Lacteola.—Superbe.*

49. C. *Venusta alba*.

Beau feuillage d'un vert terne et beau port; bouton ovale-oblong un peu acuminé et à écailles jaunâtres; fleur d'un blanc pur, de 8 à 9 centim. de diamètre, double; pétales extérieurs peu nombreux, mais larges, foliacés, étalés, échancrés au sommet et disposés avec quelque irrégularité; ceux qui les suivent sont moins grands et en petit nombre. — *Très-jolie.*

50. C. *Veymaria*.

Feuilles petites, dans le genre du *Pomponia plena;* bouton assez gros, à écailles vertes; fleur de 95 millim. de diam., blanche, semi-double, forme du *Pomponia semi-plena;* le fond en est un peu rosé.

51. C. *Welbancksiana ou heptangularis.*

Feuilles de 48 millim. de large sur 81 de long, ovales-lancéolées, un peu acuminées, réfléchies, légèrement dentées, quelques-unes elliptiques, lisses, d'un vert jaunâtre, luisantes ; bouton sphérique, à écailles noirâtres ; fleur blanche, double, large de 108 millim., irrégulière ; pétales des premiers rangs, larges, échancrés au sommet, groupés au centre, de manière à imiter la réunion de plusieurs fleurs qui seraient renfermées dans un calice commun ; ceux de l'intérieur sont plus petits, dressés, chiffonnés, réfléchis, entremêlés d'étamines. — *Superbe.*

52. C. *Wadii.*

Arbuste d'une végétation rapide, beau port, rameaux divergents ; feuilles de 68 millim. de large sur un décimètre de long, ovales-arrondies, très-acuminées, horizontales ; nervures profondes, largement dentées, vert du *C. imperialis* ; bouton gros, arrondi, à écailles jaunâtres ; fleur de 90 millim. de diamètre, pleine, d'un blanc de lait ; pétales de la circonférence, nombreux, larges, bien imbriqués ; les deux premiers rangs sont renversés, les autres appuyés seulement sur le calice, mais régulièrement et avec grâce, tous échancrés légèrement ; ceux du centre, quoique petits, sont de même que les premiers, coordonnés avec régularité, nombreux, imbriqués, et se tenant un peu droit. — *Superbe.*

53. C. *Withe Warath* (Amér.), Dunl.

Feuilles de 70 millim. de large sur 98 de long, planes, très-acuminées, fortement dentées, et d'un vert très-luisant ; bouton ovale-obtus, à écailles vertes ; fleur de 84 millim. de diamètre, d'un blanc très-pur, rappelant beaucoup la forme du *C. Warrata* ancien, ayant la même disposition de pétales. — *Superbe.*

Unicolores.

FLEUR ROSE CLAIR.

—

Couleur dominante. *Laque* mêlée avec plus ou moins de vermillon et de jaune de Naples, comme dans les n°s 2, 3 et 4 du tableau peint.

54. C. *Aitonia*.

Feuilles de 68 millim. de large sur 95 de long, souvent même plus grandes, ovales-oblongues, assez rapprochées, régulièrement dentées, épaisses, nervées, luisantes, réfléchies, d'un vert foncé ; bouton très-gros, ovale-pointu, à écailles vertes ; fleur très-large de 130 millim. de diamètre, et souvent davantage, simple, rose n. 3 en hiver, et rouge cerise n. 3 au printemps. Ce Camellia, lorsqu'il est un peu fort, fructifie abondamment tous les ans ; ses fruits ressemblent tout à fait à la pomme de reinette. — *Très-belle.*

55. C. *Admirabilis* (Mar.).

Feuilles de moyenne dimension, un peu allongées et d'un vert terne ; bouton ovale-oblong, un peu pointu, à écailles verdâtres ; fleur de 80 millim. de diamètre, double, rose n. 3 ; pétales de la circonférence bien imbriqués, larges et appuyés sur le calice avec grâce ; ceux de l'intérieur chiffonnés, irréguliers et étalés inégalement. — *Très-jolie.*

56. C. *Amplissima*.

Nous nous sommes assuré qu'il est le même que l'*Aitonia*.

57. *Americana* (Dunl.), Amér.

Feuilles de 60 mil. de large sur 111 de long, ovales-arron

dies, peu acuminées, légèrement dentées, un peu recoquillées et réfléchies, d'un vert luisant. Bouton ovale-oblong, un peu pointu au sommet, à écailles vertes. Fleur grande pleine, d'un beau rose clair, n. 1, strié ou taché d'un rouge carminé. Pétales larges, imbriqués régulièrement de la circonférence au centre. Corolle ronde, forme du C. *alba plena*. — *Magnifique*.

58. C. *Apollina*.

Arbrisseau vigoureux, garni de rameaux nombreux et étalés ; feuilles de 68 mil. de large sur 95 de long, ovales-arrondies, subcordiformes, d'un vert presque noir, et à nervures multipliées et apparentes ; fleur grande, de 86 mil. de diamètre, pleine, d'un rose tendre, n. 2 ; pétales de la circonférence arrondis et entiers, ceux du centre tourmentés, chiffonnés et déprimés. — *Superbe*.

59. C. *Amerstia vera*.

Feuilles de 48 mil. de large sur 84 de long, ovales-allongées, finement dentées. Bouton de moyenne force, à écailles jaunâtres. Fleur de 98 mil. de diamètre, double, rose n. 3, quelquefois n. 4. Pétales peu nombreux, larges au limbe et étroits à la base ; le bord est rose pâle, le milieu rose vif, veiné de rouge. Ceux du centre, au nombre de quatre ou cinq moins grands que les premiers, même forme, renferment deux ou trois étamines simples, allongées, qui par leur disposition laissent un vide au centre. — *Très-jolie*.

60. C. *Arnoldii*. Amér. Har.

Feuilles de 56 mil. de large sur 84 de long, planes, luisantes, d'un vert pâle. Bouton à écailles jaunâtres. Fleur de plus de 98 mil. de diamètre, double, rose n. 3. Pétales extérieurs ronds, larges, sur trois rangs, bien étalés. Ceux du centre sont petits, entremêlés d'organes sexuels apparents. — *Superbe*.

61. C. *Amabilis plena*. Smith. (Amér.)

Feuilles de 60 mil. de large sur 98 mil. de long, ovales-arrondies, horizontales, un peu recourbées, acuminées, la pointe renversée; nervures très-apparentes, régulièrement dentées, d'un vert foncé. Fleur de plus de 90 mil. de diamètre, double, rose n. 3, mélangé d'un rose plus ou moins intense et nuancé. Pétales extérieurs imbriqués avec régularité, nombreux, renversés, et d'un beau rose plus foncé que ceux de l'intérieur, qui sont d'un rose pâle. — *Magnifique.*

62. C. *Coloured.*

Feuilles moyennes, ovales-arrondies, un peu accuminées, peu dentées. Fleur grande, semi-double, régulière, rose n. 4. Pétales larges, allongés, dressés, fortement échancrés au sommet. — *Passable.*

63. C. *Cœlestina.*

Feuilles de plus de 6 cent. de large sur 7 et plus de long, ovales-allongées, un peu recourbées au sommet, dentées, vert foncé. Bouton ovale-obtus à écailles verdâtres. Fleur de plus de neuf centim. de diamètre, d'un rose tendre, n. 3, pleine. Pétales imbriqués du centre à la circonférence avec une régularité admirable. Corolle dans les formes du C. *alba plena.* — *Magnifique.*

64. C. *Crewii* (lord), ou *Gloria Angliæ.*

Feuilles dans le genre de celles du C. *Pulcherrima* même forme et même disposition. Bouton gros, ovale-obtus, solidement attaché aux aisselles, à écailles vert pomme. Fleur de 125 mil. de diamètre, quelquefois davantage, pleine, rose, n. 4. Pétales de la circonférence, larges, ondulés, rangés en quadruple rang autour de la touffe centrale, du même rose que les pétales laciniés du centre, mais se fondant insensiblement dans de larges macules, ou taches d'un blanc pur.

se correspondant de pétales en pétales dans toute la circonférence de la fleur dont l'ensemble représente l'aspect d'un
soleil. Ceux du centre sont laciniés , étroits, allongés, innombrables, alternativement blancs, ou rose très-tendre ,
ou variés blanc et rose , se réunissant en touffes ou pompon
d'un aspect cotonneux.

Cette fleur est quelquefois entièrement rose uni , et alors
elle ressemble beaucoup à celle du C. *elegans Chandlerii*.

65. C. *Color di Lacca*, voyez *Sacco*.

66. C. *Dahleni* ou *Rathmoreana*.

Arbrisseau d'une belle végétation , port majestueux à
rameaux nombreux étalés. Feuilles de 50 mil. de large sur
90 de long , épaisses , un peu tourmentées , à nervures profondes ; surface inégale , grenelée ou mieux chagrinée, vert
noir. Fleur de presque 100 mil. de diamètre , double, rose,
n. 4. Pétales extérieurs peu nombreux, mais grands, bien
disposés en coupe , échancrés et nuancés de rose-carmin au
sommet ; ceux du centre , plus étroits, groupés en faisceau
régulier, un peu chiffonnés. — *Très-jolie*.

67. C. *Dahliæflora* ou *Heterophylla*.

Feuilles difformes , quelques-unes elliptiques , un peu obtuses, d'autres lancéolées , aiguës , étroites , ondulées , rugueuses et irrégulières , en forme de sabre ou de faux et d'un
vert grisâtre. Bouton pointu à écailles vertes , fleur semi-
double, déprimée, de 68 mil. de diamètre, rose n. 3. —
Très-jolie.

68. C. *Emelie grandiflora*. (Ecossais.)

Feuilles de moyenne force , horizontales , un peu recourbées et acuminées au sommet, nervées profondément et dentées de même , vert terne. Bouton gros, obtus, à écailles
jaunâtres. Fleur de 100 mil. de diamètre, souvent de 110 ,

selon la vigueur de la plante, pleine, rose n. 4, quelquefois plus foncée. Pétales extérieurs sur trois ou quatre rangs, larges, tourmentés et inégalement disposés; ceux de l'intérieur, très-nombreux, en faisceau irrégulier. Corolle dans la forme du *punctata plena*, ou *du triumphans rubra*. — *Magnifique.*

69. C. *Expansa.*

Feuilles à peu près comme celles du C. *Pinck*, ovales-obtuses, multinervées, irrégulièrement dentées; bouton de moyenne grosseur, à écailles noirâtres; fleur moyenne, irrégulière, semi-double, rose n. 3; pétales de la circonférence larges et cyathiformes, ceux du centre étroits, en lanières, sur deux rangs, et échancrés au sommet; quelques étamines en partie transformées en pétales irréguliers, rouges et striés de blanc. — *Porte graine facilement.*

70. C. *Fasciculata.*

Arbrisseau vigoureux et d'un joli port; feuilles de 30 mil. de large sur 100 de long, ovales-allongées, rapprochées, très-acuminées, légèrement dentées, d'un vert luisant; bouton oblong, assez gros, à écailles verdâtres souvent bordées de noir; fleur de 80 mil. de diamètre, couleur rose n. 3; pétales larges, bien disposés, quelquefois striés de blanc; quelques étamines au centre. — *Très-jolie.*

71. C. *Fasciculata nova.*

Arbrisseau très-bien fait et d'une croissance facile. Feuilles de 60 mil. de large sur plus de 70 de long, ovales, presque rondes, peu acuminées, épaisses, en coquille renversée, d'un vert foncé; dents petites et distantes. Bouton ovale-obtus, à écailles noirâtres à la base et jaunâtres au sommet. Fleur de plus de 85 mil. de diamètre, pleine, d'un rose clair n. 4. Corolle en rosace, un peu renversée. Pétales extérieurs sur deux rangs, allongés, très-larges, les uns en cuiller, les autres retournés, très-échancrés au sommet. Ceux de l'intérieur, séparés de ceux de la circonférence, petits, courts, ramassés, très-nombreux, en lanière, les uns striés de blanc, les autres rouge pâle. — *Très-belle.*

72. *Gloria Angliæ,* voyez *Crewii.*

73. C. *Grand Alexandre.* Mar.

Feuilles très-longues et très-larges, très-aiguës au sommet; quelques-unes retournées, très-dentées et tourmentées. Bouton obtus, à écailles verdâtres. Fleur d'environ 110 mil., pleine, rose n. 3, souvent rouge cerise n. 2, suivant la saison. Pétales très-larges, peu nombreux, mais très-bien imbriqués, renversés avec grâce les uns sur les autres, échancrés au sommet, et partagés par une ligne verticale médiane plus foncée que le fond. Ceux du centre, qui sont en très-petit nombre, sont un peu tourmentés, couchés irrégulièrement et d'un rouge pâle. — *Superbe.*

74. C. *Goussonia vera.*

Feuilles de 60 mil. de large sur 90 de long, ovales-arrondies, peu acuminées, dressées, très-rapprochées, nombreuses, à nervures légèrement marquées, d'un vert terne; bouton gros, un peu pointu, à écailles vertes au sommet. Fleur de 100 mil. de diamètre, double, rose n. 3 ou 4, selon les circonstances. Pétales extérieurs larges. — *Superbe.*

75. C. *Hallesia vera.*

Feuilles de moyenne force, oblongues, surface grenelée, nombreuses, rapprochées, épaisses, nervures très-saillantes et d'un vert terne. Bouton allongé, obtus, à écailles verdâtres; fleur de 80 mil. de diamètre, double, rose n. 2. Les premiers rangs des pétales de la circonférence, renversés, acuminés, imbriqués, à distance; les autres plus petits, tourmentés, striés de blanc sale; quelques étamines avortées. On remarque autour des premiers pétales un reflet de lumière qui donne au limbe une teinte légère presque imperceptible de blanc. Quelquefois cette fleur est entièrement panachée. — *Très-jolie.*

76. *Hendersonii.*

Feuilles lancéolées, épaisses, distantes, horizontales, très-acuminées; nervures apparentes et régulièrement dentées. Bouton à écailles verdâtres. Fleur pleine de presque 100 mil. de diamètre, rose tendre cuivré n. 2, et d'une régularité admirable. Pétales sur six ou sept rangs bien imbriqués, les premiers larges, arrondis, les autres plus petits et ovoïdaux, à mesure qu'ils approchent du centre. Corolle en rosace régulière, à cœur déprimé et d'un effet magnifique.

77. C. *Heterophylla*, voyez *Dahliæflora.*
78. C. *Hexangularis rosea.*

Feuilles de 27 mil. de large sur 54 de long, lancéolées, horizontales, recourbées au sommet, finement dentées, à nervures saillantes, vert du *Pomponia.* Bouton obtus, à écailles verdâtres. Fleur de 80 mil. de diamètre, quelquefois même 100, pleine, d'un rose tendre n. 3. Pétales extérieurs sur plusieurs rangs, mais de différentes formes; les premiers sont larges, obtus, horizontaux, très-échancrés, quelques-uns marqués d'un blanc sale, les autres chiffonnés, tourmentés, séparés de ceux de la circonférence : ceux du centre sont ovales-allongés, nombreux, serrés en faisceau, droits, entiers, d'un rose plus tendre que les premiers. — *Très-jolie.*

79. C. *Jacksonii*, voyez C. *Landrethii.*
80. C. *Landrethii.* Landreth. Amér.

Feuilles de 60 mil. de large sur 100 de long, lancéolées, veinées et dentées assez profondément. Bouton de médiocre grosseur, ovale-obtus, à écailles verdâtres. Fleur de 85 mil. de diamètre, quelquefois de 100, selon la force de la plante, pleine, d'un rose plus ou moins clair ou foncé, selon la sai-

son. Pétales imbriqués avec grâce du centre à la circonférence, d'une belle forme, en rosace arrondie. — *Magnifique.*

81. C. *Louise Tamponet*, Berl.

Arbrisseau âgé de cinq ans, bien vigoureux, obtenu de
graine par M. Tamponet, et qui a fleuri pour la première
fois cette année 1840. Feuilles de 7 centim. de large sur
1 décim. de long, allongées, tourmentées, recoquillées,
sommet recourbé, nervures apparentes bien dentées, d'un
vert obscur. Bouton allongé, acuminé, à écailles verdâtres.
Fleur de plus de 8 centim. de diamètre, double, rose clair délicat, même nuance que le *Wilbrohomia.* Pétales extérieurs
sur trois rangs, de moyenne force, arrondis, échancrés,
étalés avec peu de régularité. Ceux du centre sont peu nombreux, aussi longs que les premiers, mais moins larges et
fasciculés; les uns se tenant droits, les autres couchés. —
Très-jolie.

82. C. *Lindleya.*

Feuilles moyennes, ovales arrondies, horizontales, d'un
vert pâle; bouton gros, déprimé au sommet, à écailles vertes;
fleur grande, de1 1 centim. de diamètre, semi-double, d'un
rose clair n. 2; pétales larges, peu nombreux, échancrés
fortement au sommet, arrondis et renversés; ceux du centre
petits, chiffonnés; fleurit mal en hiver. — *Superbe.*

83. C. *Mackeyana.*

Feuilles de 60 mil. de large sur 80 de long, arrondies
inférieurement, courbées en coupe, épaisses, très-nervées,
bien dentées, d'un vert obscur, quelquefois panachées de
jaune. Bouton à écailles verdâtres. Fleur de 85 mil. de diamètre, double, rose n. 3. Corolle en étoile. Pétales extérieurs sur quatre ou cinq rangs, ceux des trois premiers rangs
oblongs, arrondis au sommet, ayant une petite pointe sail-

lante très-fine au milieu du sommet au lieu d'être échancrés,
un peu écartés les uns des autres, tous veinés d'un rouge de
sang. Les autres sont en lanière, lancéolés, moins larges que
les premiers, mais aussi longs, en cuiller et mêlés avec ceux
du centre, qui sont des étamines converties en pétales, droits,
petits, entortillés, écartés, et formant un vide entre eux. Deux
ou trois étamines naturelles paraissent sur les côtés au lieu
d'être au centre. — *Très-jolie.*

84. C. *Marquise d'Exeter.*

Nous n'avons pas la description de cette fleur, mais le
Harrison horticultural cabinet, mai 1839, dit que c'est la plus
grande fleur connue en Angleterre; elle est très-pleine,
bien faite, d'un beau rose, et très-florifère. Notre honorable
collègue M. Cachet d'Angers, qui l'a introduite en France
le premier, vient de me promettre cette plante pour l'été
prochain; il a vendu la première multiplication de quatre
feuilles 400 fr.

85. C. *Niobé.* (Mar.)

Feuilles tourmentées, ressemblant un peu à celles du C.
Imbricata rubra; bouton ovale-obtus, à écailles blanchâtres;
fleur d'environ 100 mil. de diamètre, pleine, rose n. 4,
quelquefois rouge cerise n. 2; pétales extérieurs sur trois ou
quatre rangs, larges, peu nombreux, largement imbriqués,
mais avec régularité; ceux de l'intérieur, plus petits, taillés
en lanière, irréguliers, les uns couchés, les autres droits, et
formant plusieurs paquets avec un centre séparé, et des étamines. — *Très-belle.*

86. C. *Ornata vera.*

Voici un second Camellia qui porte le nom d'*Ornata.* Celui-
ci a les feuilles tout à fait différentes de celles de l'ancien.
Les boutons sont gros, obtus, à écailles verdâtres; la fleur
a 110 mil. de diamètre, pleine et d'un rose foncé, n. 4, souvent rouge cerise-clair n. 2. Les pétales extérieurs ne sont
que sur un seul rang, presque aussi larges que longs, en

éventail, épais et renversés; ceux du centre sont ramassés en faisceau, et forment une boule unie, large de plus de 80 mil., séparée des pétales de la circonférence. — *Très-belle.*

87. C. *Punctata rosea.*

Feuilles dans le genre de celles du *Punctata plena,* un peu plus rapprochées et moins larges; bouton obtus, aplati, forme d'une noisette, à écailles verdâtres; fleur de presque 110 mil. de diamètre, pleine, d'un rose foncé, à peu près comme celle du *Preston eclipse.* Je crois que cette fleur n'est autre chose que le *Punctata plena,* changé en rose, accident qui arrive souvent dans les variétés du *Pæoniæflora imperialis punctata,* et qu'on fixe par le moyen de la greffe; du reste, elle est *magnifique.*

88. C. *Philadelphica.*

Feuilles de 54 mil. de large sur 95 de long, ovales-lancéolées; nervures apparentes, bien dentées et d'un vert pâle; fleur très-grande, de 125 mil. de diamètre, d'un beau rose clair n. 3, quelquefois tachée de blanc. Forme et dimension du C. *pulcherrima.* — *Magnifique.*

89. C. *Paride.* (Mar.)

Feuilles larges, allongées et lancéolées, inclinées vers la terre; bouton rond, aplati au sommet comme le *florida;* fleur pleine, de plus de 80 mil. de diamètre, rose tendre n. 3; pétales sur cinq rangs, tous bien imbriqués, très-larges et appuyés sur le calice avec grâce; ceux du centre, qui sont en petit nombre, sont inégaux, de différentes formes, irrégulièrement placés et marqués souvent de quelques lignes blanches. — *Très-belle.*

90. C. *Pictorum rosea.* (Sac.)

Feuilles de 54 mil. de large sur 86 de long, ovales-oblongues, peu acuminées, horizontales, dentées régulièrement, nervures ordinaires, vert foncé; bouton obtus, à écailles

verdâtres ; fleur de 100 mil. de diamètre, pleine, rose tendre virginal n. 3 ; corolle régulière, en rosace parfaite ; pétales très-nombreux, rapprochés, imbriqués, avec une régularité admirable, de la circonférence au centre. Forme du
Candidissima ; les pétales sont moins renversés, et imbriqués
un peu plus largement. C'est une des variétés les plus magni-
fiques du genre ; elle vient d'Italie. Sacco. 1833.

91. C. *Pæoniæflora rosea* ou *rubra.*

Feuilles de 54 mil. de large sur 80 mil. de long, et souvent d'une plus grande dimension, ovales-allongées, acuminées, luisantes, peu dentées, d'un vert assez tendre ;
arbrisseau vigoureux, tendant à s'élancer et qui a besoin
d'être taillé tous les 3 ou 4 ans pour acquérir de la grâce ;
bouton gros, arrondi, à écailles vertes ; fleur pleine, de 108
mil. de diamètre, quelquefois davantage, d'un rose vif
n. 4, souvent d'un rouge-cerise n. 2 ; pétales de la circonférence arrondis, larges ; ceux du centre roulés en forme de
cornet, nombreux, étroits, serrés, dressés, assez longs, et
formant une sphère un peu déprimée. — *Superbe.*

92. C. *Pinck.*

Feuilles de 54 mil. de large sur 75 de long, ovales-arrondies, quelques-unes allongées, peu dentées, et tout à fait
semblables à celles du C. *Pæoniæflora ;* bouton petit, à écailles
noirâtres ; fleur régulière, moyenne, semi-double, d'un
rose clair n. 4 ; pétales fermes, bien imbriqués. On fait souvent servir ce Camellia de sujet.

93. C. *Perle des Camellia.*

Feuilles de 54 mil. de large sur 80 de long, ovales-lancéolées, d'un vert pâle ; fleur moyenne, double, d'un joli rose
n. 4 ; forme, couleur et disposition des pétales du Camellia
Pæoniæflora rosea. — *Très-jolie.*

94. C. *Pulcherrima* ou *Rolleni*.

Arbrisseau vigoureux; feuilles de 88 mil. de large sur
100 de long, ovales-lancéolées, très-acuminées et veinées,
finement dentées; bouton ovale, oblong, à écailles calicinales, vert pâle; fleur de 135 mil. de diamètre, double, rose
clair n. 4; pétales de la circonférence sur 4 rangs, peu nombreux, mais régulièrement imbriqués, larges, ronds, profondément échancrés au sommet, rose clair, nuancés de
carmin depuis les onglets jusqu'au limbe; ceux du milieu sur
5 à 6 rangs de 18 à 24 mill. de long sur 9 à 12 de large, parfois rose uni, parfois striés ou panachés de blanc, entremêlés
d'étamines presque toutes stériles. — *Magnifique.*

95. C. *Rosea plena.*

Feuilles allongées, planes, recourbées en dessous, à fortes
nervures et très-dentées; bouton obtus, assez gros, à écailles
verdâtres; fleurs de 80 mil. de diamètre, doubles, du rose
n. 3, disposées 2 ou 3 aux extrémités des rameaux. —
Très-jolie.

96. C. *Roseana.*

Feuilles de 48 mil. de large sur 70 de long, horizontales,
ovales-arrondies, peu aiguës, très-finement dentées; forme,
couleur et dimensions du C. *Speciosa vera*; fleur grande,
pleine, irrégulière, d'un rouge pâle; pétales de la circonférence amples, renversés et légèrement échancrés;
ceux du centre petits, dressés, à bords réfléchis, quelques-
uns plus grands, chiffonnés et produisant un bel effet. —
Superbe.

97. C. *Rosa triumphans.*

Feuilles diverses, les unes arrondies, les autres lancéolées,
souvent teintes ou ponctuées d'un vert jaunâtre sur un fond
vert foncé; bouton oblong, à écailles verdâtres; fleur de
80 mil. de diamètre, double, rose clair n. 3; pétales extérieurs

sur 3 rangs, oblongs, renversés, veinés de lignes presque imperceptibles de rouge. Ceux du centre sont de différentes formes : les uns longs, étroits, dressés, peu nombreux ; les autres courts, chiffonnés, petits, entremêlés de plusieurs étamines stériles, écartées. — *Jolie.*

98. C. *Resplendens.*

Arbrisseau d'une végétation vigoureuse ; feuilles élargies dès leur base, subitement recourbées au sommet , larges de 68 mil., longues de 80, peu luisantes, nervées ; fleur d'un rose éclatant n. 4, de 80 mil. de diamètre, double ; les pétales extérieurs à bord libre, entier, émarginé au milieu, larges de 30 mil.; après la troisième rangée , à partir du pourtour , le bord des pétales devient irrégulièrement sinueux , festonné; la lame se plie longitudinalement et avec régularité, les intérieurs forment une espèce de coupe. — *Charmante.*

99 C. *Rosæflora nova.*

Feuilles dans le genre de celles du C. *Imbricata rubra*, lancéolées, minces, tourmentées et mal dentées ; fleur d'environ 9 centim. de diamètre, d'un rose foncé transparent, veiné de rouge vif, pleine ; pétales sur 7 rangs, presque ronds, très-légèrement échancrés, imbriqués régulièrement du centre à la circonférence, et formant une corolle ronde, régulière et superbe.

100. C. *Rosetta.*

Feuilles de 41 mil. de large sur 54 de long , ovales-arrondies, horizontales, finement dentées, très-nervées, vert foncé; bouton très-gros, obtus, à écailles jaunâtres ; fleur d'environ 9 centim. de diamètre, pleine, rose pivoine, n. 4 ; pétales extérieurs sur un ou deux rangs, larges, arrondis en cuiller, échancrés au sommet ; ceux de l'intérieur sont en anémone, serrés entre eux, et formant un seul corps séparé et détaché de ceux de la circonférence. — *Très-jolie.*

101. C. *Revisa.*

Feuilles de 27 mil. de large sur 68 mil. de long, allongées, lancéolées, finement dentées, à fortes nervures, d'un vert pâle, ressemblant un peu à celles du *Donkelari;* bouton de moyenne force, obtus, à écailles blanchâtres ; fleur de 7 cent. de diamètre, pleine, rouge-cerise, quelquefois rose n. 4; pétales de la circonférence oblongs, peu nombreux, échancrés au sommet, ceux du centre en pompon, très-nombreux, longs, étroits, et formant en petit une corolle à peu près semblable à celle du *Pœoniæflora.* — *Très-jolie.*

102. C. *Sinensis rosea.*

Feuilles plus petites que celles du C. *Rosa sinensis,* mais forme, couleur et nervures semblables; bouton allongé et pointu; fleur de 100 mil. de diamètre, souvent davantage, double, du rose n. 3 ; pétales de la circonférence renversés, larges, un peu réfléchis en dehors et échancrés au sommet; les autres plus petits, chiffonnés, formant un centre irrégulier. — *Magnifique.*

103. C. *Spectabilis.*

Feuilles grandes, souvent de la couleur et de la forme de celles du C. simple rouge ou de celles du *Variegata plena ;* bouton à écailles verdâtres ; fleur grande, de 80 mil. de diamètre, double, couleur rose n. 4 ; pétales extérieurs disposés régulièrement sur trois rangs, larges, quelquefois panachés de blanc ; ceux du centre plus petits, repliés sur l'ovaire, chiffonnés, mêlés à quelques étamines et souvent striés de blanc. — *Très-jolie.*

Ce Camellia, obtenu de graines à Paris, a été appelé long-temps C. *Celsiana.* Les Anglais nous l'ont renvoyé sous le nom de C. *Spectabilis.* A Paris, il est aussi connu sous le nom de C. *Lutetiana.*

104. C. *Sacco* ou *Color di lacca*. — (Sac.)

Feuilles de 60 mil. de large sur 122 de long, lancéolées, horizontales, tourmentées, d'un vert foncé, nervures profondes; bouton gros, ovale-allongé, à écailles calicinales verdâtres; fleur de 95 mil. de diamètre, pleine, rose fond clair n. 2; pétales larges, rapprochés, nombreux, serrés, tous égaux, couchés régulièrement en lignes droites les uns après les autres avec beaucoup de grâce, et imbriqués de même. Le fond est rose, le limbe est lavé de blanc rosé jusqu'à la moitié du pétale. L'intérieur de la fleur est composé de quelques pétales inégaux, bien rangés, d'un rose plus intense que ceux de la circonférence, et lavés de blanc rosé au sommet comme les premiers. — *Magnifique.*

Le jardinier de feu Sacco l'a dédié à la mémoire de son maître.

Il y a dans le commerce un nouveau Camellia qui porte le nom de Sacco, et c'est à Laïnate qu'on l'a obtenu de semences. Cette variété est fort belle, mais moins estimée que la première.

105. C. *Sassanqua rosea plena* ou *Maliflora*.

Nous regardons ce Camellia comme une espèce distincte; ses feuilles, petites, ovales, acuminées, d'un vert brun, lui donnent beaucoup de ressemblance avec le thé vert : son bouton est ovale, obtus, à écailles vertes; sa fleur est petite, pleine, à pétales frisés, de couleur rose clair ou foncé, selon la saison dans laquelle il fleurit. Cette fleur ressemble beaucoup à une petite rose pompon; quelquefois le centre en est blanc et la circonférence d'un rose pâle. Ce Camellia, pour fleurir abondamment, a besoin d'être taillé très-court tous les 2 ans environ. — *Charmante.*

106. C. *Theresiana*.

Feuilles allongées; forme, couleur et dimensions de celles

du C. *Pomponia plena;* fleur grande, double, irrégulière,
de couleur rose n. 3, semblable à celle du C. *Pomponia
plena,* lorsque celle-ci passe au rose pâle. — *Superbe.*

107. C. *Various color.* — Voyez *Venosa.*
108. C. *Venosa.*

Feuilles à peu près dans le genre de celles du précédent ; fleur
de 80 mil. de diamètre, double, de couleur rose n. 3 ; pétales
larges, légèrement veinés d'un rose plus pâle, semblables à
ceux du *Pomponia rosea* ou du C. *Theresiana,* dont le C.
Venosa diffère fort peu. — *Très-belle.*

109. C. *Virginica.*

Feuilles petites, oblongues-lancéolées, de 32 mil. de large
sur 58 de long, très-veinées ; nervures saillantes, d'un vert
brun et luisantes ; bouton oblong, à écailles vertes ; fleur de
80 mil. de diamètre, pleine, d'un rose tendre à peine plus
foncé que dans la fleur du C. *Wilbrohamia,* semblable à celle
du *Pæoniæflora ;* ayant, à la circonférence, 2 rangs de
pétales assez grands ; et ceux du milieu petits, courts, tourmentés, touffus. — *Très-belle.*

110. C. *Wilbrohamia.*

Feuilles de 54 mil. de large sur 81 mil. de long, ovales,
allongées, presque planes, très-dentées, d'un vert foncé ;
bouton oblong, à écailles vertes ; fleur de 80 mil. de diamètre,
double, rose tendre n. 2 ; pétales extérieurs peu nombreux,
mais bien placés, quelques-uns panachés ; ceux du centre
plus petits, entremêlés d'étamines avortées ; même forme que
le C. *Fasciculata.* — *Charmante.*

111. C. *Wiltonia.*

Feuilles moyennes, un peu allongées ; bouton petit, pointu,
fleur assez petite, double, de couleur rose n. 4, passant
quelquefois au rouge-cerise n. 1, et souvent panachée de

blanc ; pétales sur 2 rangs, imbriqués, renversés ; ceux du centre petits, tourmentés, dressés, souvent entremêlés d'étamines, ou présentant au milieu le pistil seul, avec absence de tout organe mâle. — *Passable*.

112. C. *Woodsii*.

Feuilles de plus de 48 millim. de large sur plus de 108 de ong, lancéolées, acuminées, peu dentées, d'un vert terne ; joli port ; bouton très-gros, oblong, à écailles noirâtres ; fleur l'environ 125 millim. de diamètre, pleine, rose n. 3 ; péta-s extérieurs peu nombreux, mais larges, bien imbriqués, ·t légèrement échancrés, ceux du milieu sont petits, courts, gaux, et forment un cœur déprimé, régulier, d'environ 0 millim. de diamètre, dans le genre du *Chandlerii* ; corolle n coupe arrondie, évasée, régulière, et d'une forme extrêmement élégante. — *Magnifique*.

PREMIÈRE GAMME.

Unicolores.

ROUGE—CERISE CLAIR.

Couleur dominante. *Laque carminée*, mêlée avec de la laque rose et du vermillon, comme dans les nos 1, 2 et 3 du tableau peint.

113. C. *Aucubæfolia*.

Feuilles de 68 millim. de large sur 122 de long, ovales-allongées, très-acuminées, à fortes nervures, d'un vert foncé, panachées de jaune comme celles de l'*Aucuba japonica* ; bouton oblong, à écailles calicinales verdâtres ; fleur de 80 millim. de diamètre, double, bien faite, couleur rouge-cerise n. 1, à peu près de la forme de celle du C. *Coccinea*. — *Très-belle*.

114. C. *Augusta*.

Feuilles assez grandes, un peu recoquillées, finement dentées, multinervées, d'un vert obscur ; bouton oblong, aigu,
à écailles vertes ; fleur moyenne, irrégulière, double, d'un
beau cerise n. 3 ; pétales allongés, droits et légèrement
échancrés au sommet, ceux du centre entiers acuminés et
irrégulièrement disposés. — *Jolie.*

115. C. *Augusta superba*.

Feuilles de moyenne force, ovales-oblongues, peu acuminées, dans le genre de celles du C. *Hallesia*, de même
nervées et dentées, mais d'un vert plus foncé ; bouton à
écailles noires à la base, verdâtres au sommet ; fleur de 80 millim. de diamètre, semi-double, cerise clair n. 3, quelquefois
cerise foncé ; pétales extérieurs sur trois rangs, oblongs,
bien imbriqués, peu nombreux ; ceux de l'intérieur qui ne
sont que des étamines, les unes pétaloïdes, les autres naturelles, sont courts, étroits, rougeâtres, écartés les uns
des autres et laissant un vide au centre de la corolle. —
Très-jolie.

116. C. *Ami Cachet*.

Feuilles diverses, les unes ovales-arrondies, les autres
ovales-allongées, horizontales, très-nervées, bien dentées et
d'un vert obscur ; bouton oblong, à écailles vertes ; fleur
double, d'environ 6 centim. de diamètre, d'un rouge-cerise
cramoisi ; pétales peu nombreux, allongés, échancrés au
sommet ; ceux du centre petits, droits et irrégulièrement
placés. Dédiée à M. Cachet d'Angers, par un horticulteur
de ses amis.

117. C. *Apunga*.

Feuilles d'environ 6 centim. de large sur presque 8 de
long, ovales-allongées, peu acuminées, luisantes, inégalement dentées, d'un vert terne ; bouton de moyenne force,

allongé, acuminé, à écailles vertes ; fleur de 8 centim. de diamètre, quelquefois davantage, double, rouge-cerise n. 3, souvent plus claire ; pétales de la circonférence peu nombreux, larges, bien imbriqués, retournés au limbe ; ceux du milieu inégaux, tourmentés et en petit nombre. Cette fleur ressemble beaucoup à celle nommée *Reine des Pays-Bas*. — *Passable*.

118. C. *Acutipetala*.

Arbrisseau vigoureux, d'un bel aspect, à feuillage horizontal et d'un vert foncé ; fleur d'environ 7 centim. de diamètre, double, rouge-cerise n. 3. — *Insignifiante*.

119. C. *Angresia*.

Feuilles de 54 millim. de large sur 80 de long, allongées, très-acuminées, d'autres arrondies, horizontales, nombreuses ; nervures apparentes, largement dentées ; bouton gros, obtus, écailles mélangées de noir et de jaune, sommet blanchâtre ; fleur de 8 centim. de diamètre, double, rouge-cerise n. 4, quelquefois plus foncée.

120. C. *Amœna*.

Tige droite, à rameaux dressés ; feuilles ovales-allongées, peu profondément dentées ; fleur petite, double, couleur rouge-cerise n. 2 ; pétales de la circonférence disposés régulièrement ; ceux du centre irréguliers, plus courts. Les fleurs affectent assez bien la forme d'un volant. — *Jolie*.

121. C. *Aluntii superba* ou *Almets superba*.

Arbrisseau d'un port peu agréable ; feuilles de 68 millim. de large sur 95 de long, ovales-arrondies, réclinées, roulées en dessous, à nervures profondément marquées ; bouton assez gros, oblong, à écailles jaunâtres ; fleur d'environ 80 millim. de diamètre, double, d'un rouge-cerise n. 2 ; pétales assez réguliers, peu nombreux et bien imbriqués, formant une jolie rosace. — *Très-jolie*.

122. C. *Buckliana*.

Feuilles de 68 millim. de large sur 86 de long, ovales-arrondies, peu acuminées, à bords bien dentés et d'un vert foncé ; fleur pleine, de 68 millim. de diamètre ; pétales de la circonférence sur 3 rangs, larges, d'un rouge-cerise n. 1 ; ceux du centre, nombreux, plus petits, inégaux, serrés, bien gradués, d'un rose tendre, quelquefois panachés de blanc, quelquefois rose uni. — *Très-belle.*

123. C. *Borghesiana*. (Calc.)

Feuilles allongées, bien dentées, surface inégale, d'un vert assez foncé ; bouton ovale pointu, à écailles jaunâtres ; fleur assez grande, double, rouge-cerise clair, souvent rose ; pétales extérieurs sur un seul rang, 5 ou 7, larges, arrondis, renversés, échancrés profondément au sommet ; le milieu est composé d'un nombre indéterminé de petits pétales, droits, serrés, uniformes, qui, par leur réunion, forment une boule sphérique, comme dans le *Warrata* ordinaire.

Obtenu de semis par M. Calciati Borghi, de Plaisance.

124. C. *Belle Rosalie*.

Feuilles recoquillées, légèrement acuminées, à nervures très-apparentes ; bouton gros, ovale, à écailles jaunâtres ; fleur grande, de 95 mill. de diamètre, semi-double, d'un rouge carminé n. 2 ; pétales larges, au nombre de 25 à 30, mêlés à beaucoup d'étamines, au milieu desquelles se montrent quelques pétales, roulés sur eux-mêmes en forme d'hélice. — *Passable.*

125. C. *Brocksiana*.

Feuilles de 60 mill. de large sur 75 mill. de long, ovales-arrondies, presque cordiformes, horizontales, quelquefois tachées de jaune, à nervures profondes et d'un vert obscur ; bouton gros, oblong, écailles vertes à la base du calice, blanchâtres au sommet ; fleur de grandeur moyenne de 68 mill. de diamètre, semi-double, d'abord rose, et passant ensuite au rouge-cerise n. 2 ; pétales larges, peu nombreux, étalés avec grâce; fleur de la forme de celle du C. roi des Pays-Bas ; quelques étamines au centre. — *Très-jolie.*

126. C. *Belle Henriette.*

Feuilles de moyenne grandeur, ovales-lancéolées, un peu ponctuées à la surface supérieure, d'un vert foncé ; bouton à écailles jaunâtres; fleur double, de 68 mill. de diamètre, souvent plus grande, rouge-cerise, n. 3, à pétales bien disposés, imbriqués et assez nombreux. — *Jolie.*

127. C. *Bucksii vera.*

Feuilles de 4 à 5 cent. de large sur 9 de long, lancéolées, très-acuminées, surface raboteuse, invisiblement dentées, d'un vert terne, dans le genre du *Woodsii;* bouton gros, obtus, à écailles blanchâtres ; fleur de plus d'un décimètre de diamètre, pleine, rouge-orangé n. 3 ; pétales extérieurs larges de 27 mill., ronds, sur quatre rangs, veinés d'un rouge vif plus foncé que le fond, les uns en cuiller, les autres renversés, tous échancrés profondément au sommet et imbriqués, mais avec peu de régularité ; ceux du centre sont courts, nombreux, tourmentés de différentes formes, fasciculés, festonnés, formant une rosace déprimée.—*Superbe.*

128. C. *Blow,* ou *rosea plena, expansa.*
129. C. *Barni,* voyez *Carswelliana.*
130. C. *Berlesiana rubra.*

Feuilles moyennes, semblables à celles du C. *Rubra simplex,* d'un vert plus foncé; bouton aigu, assez gros, à écailles brunes; fleur moyenne, double, d'un beau rouge cerise n. 4, forme régulière et un peu bombée; pétales arrondis et légèrement chiffonnés.

La société d'horticulture de Paris a dédié cette jolie variété à l'auteur qui l'a obtenue de graine en 1831.

131. C. *Brughmanni.*

Feuilles assez grandes, les unes allongées, les autres arron-

dies, à **nervures profondes** et d'un beau vert foncé; bouton
à écailles calicinales noires à la base et verdâtres au sommet;
fleur de 9 cent. de diamètre, d'un rouge-cerise brillant n. 4,
pleine; pétales extérieurs sur deux rangs, larges, obtus,
entiers, retournés au sommet, mal renversés, tourmentés, inégaux; ceux qui les suivent sont difformes, les
uns larges, obronds, entiers, les autres ou droits ou couchés, très-nombreux, tourmentés, recoquillés, en spirale,
entremêlés d'étamines stériles, cachés dans l'épaisseur de la
touffe qui est en boule irrégulière dans le genre du *Pæoniæflora*. — *Superbe*.

132. C. *Beck's conspicua*.

Arbrisseau très-vigoureux, rameux et bien fait; feuilles
de 54 mill. de large sur plus de 100 de long, ovales-allongées, très-acuminées, droites; nervures profondes, fortement
dentées, d'un vert terne comme l'*Imperialis*; bouton
gros, allongé, acuminé, à écailles blanchâtres; fleur d'environ 10 cent. de diamètre, double, rouge-cerise n. 4;
pétales sur quatre ou cinq rangs, larges de 5 centim., presque
ronds, légèrement échancrés, retournés au limbe, renversés
avec grâce, imbriqués largement et régulièrement, veinés
d'un rouge-carmin vif beaucoup plus intense que le fond;
au centre quelques étamines droites et fertiles. — *Très-belle*.

133. C. *Bucksiana*.

Fleur d'environ 8 cent. de diamètre, double, rouge cerise
n. 3 ou 4; pétales peu nombreux, oblongs, bien imbriqués,
échancrés; ceux du centre retournés, petits, peu nombreux
et renfermant quelques étamines; corolle en rosace aplatie.
— *Très-jolie*.

134. C. *Blanda*.

Feuilles de 36 mill. de large sur 80 de long, ovales-arrondies, plus étroites au sommet, planes, très-finement dentées,

assez épaisses, d'un vert terne ; fleur assez-grande, d'un rouge-cerise n. 3 ; pétales de la circonférence larges, étalés, échancrés au sommet, quelquefois panachés de blanc ; beaucoup d'étamines au centre. — *Très-belle.*

135. C. *Baumanni.*

Feuilles ovales-arrondies, dans le genre de celles de C. *Pinck*, mais presque planes, et d'un vert gris ; bouton à écailles noirâtres ; fleur grande, double, d'un rouge-cerise n. 3, qui devient plus foncé en s'épanouissant ; pétales extérieurs disposés sur plusieurs rangs, imbriqués ; ceux du centre petits et un peu tourmentés. — *Très-belle.*

136. C. *Crassinervia.*

Feuilles grandes, ovales-lancéolées, à fortes nervures, d'un vert terne ; bois vigoureux ; bouton gros, à écailles jaunâtres ; fleur moyenne, bien double, irrégulière, rouge-cerise n. 3, quelquefois d'un rouge clair, légèrement nuancée de blanc ; pétales la plupart arrondis et échancrés au sommet ; ceux du centre chiffonnés et difformes ; quelques étamines apparentes, d'autres à demi transformées.— *Belle.*

137. C. *Crassinervis de Chandler.*

Feuilles de moyenne force, ovales-oblongues, un peu en cuiller renversée, réclinées, sommet recourbé, très-nervées et presque pas dentées ; bouton à écailles calicinales noirâtres à la base et jaunâtres au sommet, gros, obtus et aplati ; fleur de 95 mill. de diamètre, pleine, faite avec élégance, rouge-cerise n. 3 ; pétales imbriqués, larges, un peu en coupe et échancrés. — *Superbe.*

138. C. *Cliviana.*

Feuilles de 95 mill. de long sur 60 de large, ovales-allongées, très-acuminées, rapprochées, nombreuses, très-dentées, horizontales et d'un vert terne ; bouton très-gros, ovale.

obtus, à écailles vertes ; sépales brunes à la base et jaunâtres au sommet ; fleur très-large, de 130 mill. et plus de diamètre, double, en forme de coupe, quelquefois d'un rose n. 4, et souvent d'un rouge-cerise n. 2, plus ou moins brillant, selon la saison. Les pétales du premier rang, au nombre de six, larges de 40 mill., longs de 54, en gouttière, formant l'étoile et échancrés au sommet ; ceux des rangs suivants, longs, ovales, aigus et affectant la même disposition ; ceux du centre', plus petits, touffus comme dans les *Anemonœflora*, et formant un cœur relevé et irrégulier, large d'environ 30 mill. de diamètre. Quelques-uns de ces derniers sont striés de blanc. — *Magnifique*.

139. C. *Chamlerii*.

Feuilles de 68 millim. de large sur 95 millim. de long , oblongues-acuminées, finement dentées ; bouton ovale-arrondi, à écailles vertes ; fleur grande, double, régulière, d'un rouge-cerise n. 3 ; pétales imbriqués et arrondis au sommet ; étamines en partie demi-transformées. — *Très-jolie*.

140. C. *Conchiflora*.

Feuilles de 54 millim. de large sur 63 millim. de long , ovales, peu aiguës , réclinées , nombreuses, d'un vert pâle ; bouton petit, écailles vertes ; fleur de 68 millim. de diamètre, d'un rouge-cerise n. 3 , régulière ; pétales quelquefois marqués de blanc, semblables à ceux du C. *Coccinea* et disposés en spirale. — *Belle*.

141. C. *Conchiflora nova*.

Feuilles ovales-arrondies , de moyenne grandeur et d'un vert pâle ; nervures fortes et saillantes ; fleur de grandeur moyenne, semi-double ; 15 à 20 pétales d'un rouge-cerise n. 4 ; pétales presque entiers, inégaux, irréguliers et allongés. — *Jolie*.

142. C. *Colombo*. (Mar.)

Feuilles allongées , très-aiguës , presque lancéolées , distantes, très-dentées, un peu réclinées, d'un vert terne ; bouton arrondi, à écailles verdâtres ; fleur de 110 millim. de diamètre, pleine, rouge-cerise n. 3, souvent beaucoup plus foncée ; pétales extérieurs sur cinq rangs, larges, épais, arrondis, étalés également les uns après les autres, et imbriqués d'une manière lâche. Ceux de l'intérieur font un centre à part, assez large, sont de moyenne grandeur, relevés, en paquets irréguliers, chiffonnés et nuancés différemment de ceux de la circonférence. — *Magnifique.*

143. C. *Calciati.*

Arbrisseau vigoureux, élancé ; feuilles grandes, allongées, bien dentées, profondément veinées, d'un vert obscur ; bouton ovale, acuminé, à écailles jaunâtres ; fleur d'environ 8 centim. de diamètre, double, rouge-cerise indéterminé, d'abord clair, puis rose carné ; pétales extérieurs arrondis, peu nombreux, bien étalés sur le calice ; ceux du centre sont innombrables, égaux, petits, droits, en faisceau sphérique, comme dans le *Warrata* ordinaire.

Je crois que c'est le même que le *Borghesiana.*

144. C. *Cramoisina Parmentieri.*

Feuilles de 68 millim. de large sur 108 de long, peu acuminées, inclinées vers la tige, réfléchies à peu près dans le genre de celles du C. *Althœæflora*, finement dentées, presque planes ; bouton de moyenne force, oblong, à écailles vertes ; fleur grande, double, rouge-cerise n. 2 ; pétales extérieurs au nombre de six, larges, échancrés au sommet, les autres pétaloïdes touffus, nombreux, serrés en faisceaux les uns contre les autres, striés de blanc à leur sommet et formant une boule régulière ; corolle à peu près de la forme et de la grandeur de l'*Anemonæflora.* — *Très-belle.*

145. C. *Celsiana.*

Feuilles grandes, lancéolées, écartées, roulées en dedans ;

bouton gros, oblong, pointu, fleur simple, rouge, grande. Il existe à Paris sous ce nom un autre *Camellia* qui est double, de couleur rose, et très-beau. Les Anglais nous l'ont rendu sous le nom de *Spectabilis*. — Voyez ce nom.

146. C. *Charles-Auguste.*

Feuilles de 54 millim. de large sur 81 millim. de long, ovales-arrondies, à nervures très-apparentes, d'un vert terne; bouton allongé, écailles vertes; fleur de 80 millim. de diamètre, semi-double, d'un beau rouge-cerise n. 3, bien faite; pétales larges, arrondis, marbrés ou mieux ponctués de blanc; ceux du premier rang de la circonférence sont réfléchis sur le calice avec régularité; les autres relevés et en coquilles; quelques étamines au centre. — *Superbe.*

147. C. *Conchata.*

Feuilles de 54 mill. de large sur 95 de long, réfléchies en dessous au sommet, à fortes nervures d'un vert foncé; bouton allongé; fleur assez grande, d'un rose tendre, quelquefois d'un rouge vif. — *Passable.*

148. C. *Cummingii.*

Feuilles de plus de 5 centim. de large, sur plus de 8 de long, allongées, recourbées au sommet, horizontales, dentées finement et régulièrement, très-nervées, et d'un vert obscur; bouton de moyenne force, obtus, à écailles jaunâtres; fleur de près de 8 centim. de diamètre, double, rouge-cerise clair n. 4; pétales sur 4 rangs, peu nombreux, larges, arrondis et bien imbriqués, profondément échancrés, renversés, et formant par leur ensemble une coupe ronde évasée; au centre un petit nombre de pétales courts, étroits, inégaux, comme dans le C. *Chandlerii.* — *Très-jolie.*

149. C. *Candiansii* (1839), Lanzes.

Fleur de moyenne force, pleine, régulière, d'un rose

cerise carminé n. 3 ; pétales rapprochés, un peu renversés au bord, disposés avec élégance et de manière à former une corolle arrondie régulière. — *Superbe*.

150. C. *Coronata de Low*.

Fleur d'environ 9 centim. de diamètre, pleine, roûge-cerise clair n. 1, lavé de rose, veinée de lignes très-minces, d'un rouge plus vif que le fond ; pétales sur cinq ou six rangs oblongs, peu échancrés ; les deux premiers rangs retournés et renversés, imbriqués, et d'un rouge plus clair que ceux qui les suivent, qui sont très-allongés, placés horizontalement les uns sur les autres ; au centre 3 ou 4 petits pétales longs, étroits et couchés. — *Superbe*.

151. C. *Carswelliana*.

Arbrisseau vigoureux et d'une croissance rapide ; feuilles de 68 millim. de large sur 95 millim. de long, ovales, presque rondes, très-peu acuminées, horizontales, épaisses ; nervures apparentes et dentées régulièrement, d'un vert foncé ; bouton gros, ovale, obtus, à écailles verdâtres ; fleur de plus de 9 centim. de diamètre, pleine, rouge-cerise n. 4, carmiu vif brillant et nuancé ; pétales ovales, arrondis, larges, nombreux, échancrés au sommet, disposés, avec grâce, les uns après les autres, imbriqués régulièrement du centre à la circonférence avec une uniformité admirable, et tous traversés verticalement de l'onglet au limbe d'une ligne rose tendre. Ce Camellia, d'après l'avis d'un habile horticulteur, M. Cachet, d'Angers, est le même que le *Barni* des Italiens, changé de nom en Belgique. — *Magnifique*.

152. C. *Colla*.

Arbrisseau peu vigoureux ; rameaux grêles ; feuilles moyennes, ressemblant un peu à celles du *Camellia rubra simplex* ; fleur double, moyenne, bien faite, d'un beau rouge-cerise n. 3. — *Jolie*.

153. C. *Carolus*.

Feuilles de 60 mill. de large sur 80 de long ; feuilles ovales-arrondies, très-veinées, à nervures profondes ; bouton ovoïde, déprimé au sommet, à écailles verdâtres ; fleur petite, double, d'un rouge-cerise n. 1, d'une jolie forme. — *Distinguée*.

154. C. *Comptoniana*.

Feuilles petites, de 48 mill. de large sur 70 mill. de long, ovales-arrondies, peu aiguës, nombreuses, rapprochées, dressées, d'un vert terne ; bouton ovale, à écailles jaunâtres ; fleur moyenne, semi-double, régulière, d'abord rose n. 4, ensuite rouge-cerise clair ; corolle bien formée ; quelques étamines au centre. — *Très-jolie*.

155. C. *Darius*. (Mar.)

Feuilles arrondies très-larges, le sommet aigu et retourné, à fortes nervures, et profondément dentées ; bouton très-gros, obtus, à écailles verdâtres ; fleur d'environ un décimètre de diamètre, rouge-cerise clair n. 4 ; pétales extérieurs de plus de 27 mill. de largeur, peu nombreux, très-échancrés au sommet, imbriqués largement comme dans les Dahlias, mais avec une régularité admirable ; ceux de l'intérieur mélangés, inégaux, difformes, mal disposés et formant un centre irrégulier ; corolle en rosace évasée. — *Superbe*.

156. C. *Decora vera*.

Feuilles d'environ 9 cent. de large sur plus d'un décimètre de long, arrondies, peu aiguës, presque cordiformes, rapprochées, un peu recoquillées au sommet, nombreuses, les unes réclinées vers la tige, les autres horizontales ; bouton très-gros, obtus, écailles calicinales supérieures, presque toutes vertes ; celles de la base noirâtres ; fleur de plus d'un décimètre de diamètre, pleine, d'un rouge-cerise terne n. 3, quelquefois plus foncée; pétales sur cinq ou six rangs, très-larges, arrondis, ridés, profondément échancrés, festonnés, disposés régulièrement et imbriqués de même, presque tous égaux en dimension, mais de formes différentes, et renversés. Le centre est composé de quelques pétales difformes, tourmentés, toujours droits, en faisceau allongé. —*Magnifique.*

157. *Dorsetti, Parthoniana,* ou *Rex Georgius.*

Feuilles grandes, ovales - lancéolées, très - acuminées, planes, serrées, épaisses, d'un beau vert luisant, quelquefois panachées de jaune; bouton très-gros, arrondi, à écailles d'un vert jaunâtre; fleur très-grande, de près de 130 mill. de diamètre, très-pleine, d'un rouge-cerise pâle n. 1, mêlé de plusieurs nuances roses ou blanchâtres; pétales grands, serrés, imbriqués, irréguliers, nombreux; ceux du centre plus petits, rangés sans ordre, marqués de taches blanches et rouges. — *Magnifique.*

158. C. *Diana.*

Feuilles de 54 millimètres de large sur 80 de long, ovales-oblongues, acuminées, recourbées au sommet, horizontales, distantes; nervures très-apparentes, dentées finement, et régulièrement, d'un vert terne; bouton gros, obtus, à écailles noirâtres; fleur pleine, d'environ 9 centim. de diam., rouge-cerise n. 3; pétales extérieurs 8 ou 9, larges, oblongs, les uns entiers, les autres échancrés, retournés; ceux qui les suivent sont très-nombreux, formant une corolle en boule tout à fait semblable à celle du *Lefevriana.* — *Très-belle.*

159. C. *Drummundii.*

Feuilles de six centim. de large sur 10 de long, difformes, les unes allongées, les autres arrondies, nervures saillantes, recoquillées, sommet recourbé, largement dentées, d'un vert obscur ; fleur d'environ 8 centim. de diamètre, double, rouge-cerise clair n. 2, nuancé de rose ; pétales extérieurs sur deux ou trois rangs, larges, arrondis, entiers, pointus à l'endroit de l'échancrure, formant la soucoupe, bien imbriqués, et d'un rouge rosé charmant. Ceux de l'intérieur, nombreux, en faisceau, droits, serrés, ne sont souvent que des étamines pétaloïdes. — *Très-jolie.*

160. C. *Dahliæflora ignea* ou *ignescens.* (Cas.)

Feuilles de cinq centim. de large sur 9 de long, allongées, lancéolées, horizontales ; surface grenelée ; nervures très-prononcées, dentées profondément d'un vert obscur ; bouton arrondi, à écailles jaunâtres ; fleur d'environ un décimètre de diamètre, double, rouge-cerise n. 5 ; pétales extérieurs sur plusieurs rangs, peu nombreux, larges, arrondis, échancrés au sommet, bien imbriqués et d'une couleur carmin bien prononcée ; ceux du centre sont plus petits, mais bien étalés, irrégulièrement imbriqués, d'une teinte moins foncée que les premiers et entremêlés d'étamines fertiles. — *Magnifique.*

161. C. *Dianthiflora, Caryophylliflora, Knightii,* ou *Carnation Warrata,* c'est le même. — Voyez *Knightii.*

162. C. *Excelsiana.*

Feuilles de 68 mill. de large sur 89 de long, ovales, peu acuminées, à nervures très-saillantes, d'un vert très-foncé ; bouton ovale, aigu, à écailles vertes ; fleur de 80 mill. de diamètre, double, d'un rouge-cerise n. 3 ; pétales réfléchis, peu nombreux ; ceux de la circonférence assez larges, ceux du centre, petits, tourmentés et entremêlés de quelques étamines. — *Passable.*

163. C. *Exoniensis.*

Rameaux courts ; feuilles de grandeur moyenne, ovales-arrondies, un peu acuminées, épaisses, légèrement dentées, presque toutes recoquillées et réfléchies en dessous, à petites nervures, d'un vert foncé ; bouton allongé, comme celui du C. *Variegata plena* ; écailles calicinales, d'abord vertes et ensuite noirâtres ; fleur en rose, très-grande, de 108 mill. de diamètre, double, d'un joli rouge-cerise n. 2, qui passe graduellement du tendre au vif ; pétales bien placés, larges, dressés et contournés ; ceux du centre un peu chiffonnés et striés de blanc ; quelques étamines presque toutes avortées et à l'état pétaloïde. — *Superbe.*

164. C. *Elegans Chandlerii.*

Feuilles grandes, de 54 mill. de large sur 108 de long, ovales-lancéolées, à nervures apparentes, très-dentées, d'un vert terne ; bouton gros, arrondi, à écailles verdâtres ; fleur très-grande, très-double, d'un rouge-cerise d'abord n. 2, ensuite rose tendre, de 140 mill. de diamètre et quelquefois plus ; pétales extérieurs au nombre de 20, grands, ovales, rouges, veinés de rose et quelquefois panachés de blanc ; ceux des rangs intérieurs au nombre de 140 à 160, longs, étroits, nombreux, disposés en faisceaux striés de rose, et dont la réunion forme une rosace déprimée. — *Magnifique.*

165. C. *Elegantissima.*

Feuilles un peu crénelées sur les bords, sommet très-aigu ; quelques-unes un peu tourmentées, d'un vert foncé, très-luisant ; fleur pleine, 89 mill. de diamètre, d'un beau cerise n. 1, quelquefois d'une teinte rosée, nuancée de carmin ; pétales de la circonférence sur deux rangs, grands, imbriqués et formant une coupe régulière ; ceux du centre nombreux, plissés en demi-cornet, serrés entre eux et bien gradués, offrant, par leur ensemble, un groupe très-riche et d'une forme très-agréable. Il existe un autre C. sous ce nom, dont le fond est blanc strié de rouge. *Voyez* ce nom à la fin. — *Très-beau.*

166. C. *Elegans*.

Arbrisseau vigoureux, à tiges assez nombreuses, droites ; feuilles larges, dentées profondément, terminées par une longue pointe, à bords renversés ; bouton aigu, à écailles noirâtres ; fleur grande, simple, d'un rouge-cerise ordinaire ; pétales veinés de pourpre et ayant une échancrure assez profonde au sommet.

167. C. *Empereur d'Autriche*.

Feuilles très-grandes, ovales, dentées, d'un vert obscur ; nervures très-saillantes ; bouton gros, ovale, à écailles vertes à la base et blanches au sommet ; fleur de 80 mill. de diamètre, double, d'un rouge-cerise n. 3, en s'épanouissant, et plus claire ensuite ; pétales renversés, également imbriqués, quelques-uns au centre, petits, recoquillés, marqués de blanc et entremêlés d'étamines inégales en hauteur. — *Très-jolie*.

168. C. *Florida*.

Feuilles moyennes, rapprochées, ovales-arrondies, peu acuminées, réfléchies en dessous, finement dentées ; bouton gros, à écailles noirâtres ; fleur assez grande, de 80 mill. de diamètre, pleine, régulière, d'un rouge-cerise n. 2, à pétales bien imbriqués, légèrement échancrés au sommet ; ceux du centre en forme de coquille, souvent ne se développant qu'à moitié, ce qui lui fait donner quelquefois le nom de Nid-d'oiseau (C. *Nidus avis*). — *Superbe*.

169. C. *Fascicularis*.

Feuilles assez grandes, ovales-allongées, profondément dentées, bien veinées, de différentes grandeurs et d'un vert foncé ; fleur petite, régulière, d'un rouge-cerise n. 2 ; pétales bifides, bien imbriqués, disposés sur trois rangs et un peu renversés ; quelques-uns marqués d'une tache blanche ;

étamines avortées ou pétaloïdes réunies en faisceaux autour des styles , qui subsistent quelquefois aussi sous cette forme. — *Jolie.*

170. C. *Flaccida.*

Feuilles assez grandes, bien placées, d'un beau vert ; arbrisseau bien fait ; fleur simple , rouge , de peu d'apparence.

171. C. *Floy.* Voyez *Grand Frédéric.*
172. C. *Fordii.*

Arbrisseau vigoureux, élancé, rameux ; feuilles de 5 cent. de large sur 80 mill. de long, ovales-acuminées, rapprochées, luisantes, d'un vert foncé ; fleur large, très-double, régulière, d'une couleur rose tendre n. 4, quelquefois cerise clair n. 3, de 9 centim. de diamètre ; pétales imbriqués, grands, échancrés au sommet et disposés avec une symétrie admirable. — *Superbe.*

173. C. *Fulgentissima.*

Feuilles de 54 millim. de large sur 80 de long, horizontales, très-acuminées et d'un vert tendre ; bouton assez gros, arrondi ; fleur double, très-grande, de 95 millim. de diamètre, d'un rouge-cerise n. 3 ; pétales extérieurs sur 3 rangs, larges, ceux du milieu longs, étroits, rapprochés, déchiquetés en lanière, entassés les uns sur les autres, disposés en ligne courbe, striés de blanc et entremêlés d'étamines. Cette fleur ressemble à celle du C. *Cliviana.* — *Superbe.*

174. C. *Formosa.*

Feuilles de 54 millim. de large sur 95 de long, à nervures très-prononcées, d'une forme ovale-lancéolée et acuminée, d'un vert très-luisant ; bouton ovale-oblong, à écailles verdâtres ; fleur très-grande, double, d'un beau rouge-cerise clair n. 1 ; belle forme. — *Superbe.*

175. C. *Formosissima.*

Arbrisseau d'un port magnifique ; feuilles de 7 centimètres de large sur presque 9 de long, ovales-oblongues, quelques-unes obtuses, d'autres lancéolées, horizontales, épaisses, multinervées, d'un vert très-foncé ; bouton d'abord oblong, ensuite obtus, à écailles verdâtres ; fleur de plus d'un décimètre de diamètre, pleine, laque rose clair d'abord, ensuite rouge-cerise n. 3, tirant sur l'orangé, régulière et à cœur déprimé ; pétales sur plusieurs rangs, nombreux, larges, bien imbriqués et placés symétriquement ; ceux des premiers rangs sont appuyés sur le calice, les autres sont horizontalement disposés, moins grands et réguliers ; ceux du centre sont encore plus petits, un peu droits et d'une forme ovoïdale ; tous sont imbriqués avec beaucoup de régularité du centre à la circonférence, ce qui donne à la totalité de la corolle une forme *magnifique.*

176. *Fasciculata novissima.*

Arbuste droit, vigoureux et d'une croissance rapide ; feuilles de 6 centimètres de large sur 7 de long, ovales, presque rondes, peu acuminées, épaisses, horizontales, un peu en coquille renversée, veinées fortement, ramifications nombreuses, d'un vert foncé, dentées irrégulièrement ; bouton ovale, obtus, à écailles noirâtres à la base et jaunâtres au sommet ; fleur de 8 centimètres de diamètre, pleine, d'un rouge-cerise clair n. 3 ; pétales extérieurs sur plusieurs rangs, les uns larges, oblongs, les autres arrondis, les uns plats, les autres en cuiller, tous irrégulièrement disposés ; pétales intérieurs très-nombreux, écartés, inégaux, plus petits, mais réunis en plusieurs paquets irréguliers, qui forment par leur ensemble un centre large, aplati, inégal, qui donne du relief à la fleur. — *Très-belle.*

177. C. *Fraserii rubra.*

Feuilles ovales arrondies, peu acuminées, recourbées en

dessous, à nervures saillantes, profondément dentées et d'un vert terne; bouton obtus, à écailles vert-pomme; fleur de 9 centimètres de diamètre, double, d'un beau rouge-cerise n. 4; le premier rang de pétales extérieurs presque tous égaux, larges, arrondis, échancrés; les autres entiers, ovoïdaux, bien étagés, un peu renversés, veinés finement d'un rouge sanguin; ceux du centre sont inégaux, irréguliers, au nombre de 5 ou 6, dressés et entremêlés d'étamines stériles, ou mieux, de filets sans anthères. — *Très-belle.*

178. C. *Gigantea.*

Arbuste vigoureux, d'un port magnifique; feuilles grandes, larges de 95 millim., longues de 122, ovales-lancéolées. légèrement acuminées, fermes, épaisses, fortement dentées, d'un vert terne; bouton ovale, obtus, aussi gros qu'un œuf de pigeon avant son épanouissement, à écailles vertes; fleur de 122 millim. de diamètre, très-double, d'un rouge pâle, quelquefois rose, et s'ouvrant assez difficilement; pétales extérieurs très-nombreux, disposés sur 3 rangs; ceux du centre courts, moins nombreux, larges et imbriqués en rosace, blanchâtres, entremêlés d'étamines. — *Superbe.*

179. C. *Grandiflora simplex.*

Feuilles de grandeur moyenne, ovales-lancéolées, forme et couleur de celles du C. simple rouge; bouton arrondi, à écailles verdâtres; fleur simple, rouge, grande, porte-graine. **M.** Noisette a obtenu, de graines, un C. à peu près semblable à celui-ci; mais la fleur est plus grande. Il existe aussi un *Grandiflora* à fleurs doubles, qui est très-joli.

180. C. *Gloriosa.*

Arbuste à rameaux grêles et grisâtres; feuilles moyennes, ovales, aiguës, réfléchies, planes, d'un beau vert luisant; bouton petit, à écailles noirâtres; fleur de 68 millim. de diamètre, double, régulière, d'une belle couleur cerise n. 2;

pétales intérieurs irréguliers, tourmentés, chiffonnés, disposés en spirale autour de quelques styles et étamines, avortés
au centre. — *Très-belle.*

181. C. *Grand Frédéric* ou *Floy*. (Fl.)

Arbrisseau très-vigoureux, droit, d'un port magnifique ;
feuilles de 9 centimètres de large sur 16 de long, épaisses,
fermes, planes, un peu acuminées, ou mieux ovales-lancéolées, sommet un peu renversé, nervures fortes et saillantes,
profondément dentées sur un pétiole de 27 millim. de longueur ; bouton très-gros, ovale, obtus, bien attaché aux
aisselles, à écailles calicinales, verdâtres ; fleur à cœur déprimé très-large, de 13 centimètres de diamètre, quelquefois même davantage, pleine, d'un beau rouge-cerise n. 3
ou 4 ; pétales extérieurs sur 5 ou 6 rangs, nombreux, épais,
vernissés, larges d'environ 54 millim. au limbe, imbriqués
avec régularité, et renversés tous avec grâce les uns sur les
autres ; ceux du centre sont peu nombreux, petits, difformes, irréguliers, lavés, ou striés de blanc, quelquefois même
entremêlés de quelques étamines, corolle en rosace, un peu
en entonnoir au bord, et offrant, par l'ensemble de ces pétales, un effet magnifique.

182. C. *Hallesia.*

Feuilles grandes, oblongues, très-dentées, un peu dressées,
d'un beau vert ; bouton petit, allongé ; fleur assez grande,
double, de couleur rose, n° 2 ; pétales du premier rang de
la circonférence renversés, acuminés, imbriqués à distance ;
ceux du milieu petits, tourmentés, striés de blanc ; quelques
étamines avortées. — *Jolie.*

183. C. *Husseyussoni.*

Feuilles de 68 millim. de large sur 95 de long, ovales-arrondies, un peu acuminées, multinervées, un peu recoquillées et réfléchies inférieurement, d'un vert assez foncé ; bou-

ton à écailles vertes; fleur grande, semi-double, d'un rouge-
cerise n. 1; pétales de la circonférence disposés sur 2 rangs
et assez larges ; ceux de l'intérieur, longs, étroits, dressés,
peu nombreux, entremêlés de quelques étamines. — *Jolie.*

184. C. *Hibbertia.*

Feuilles très-grandes, épaisses, fermes, très-luisantes, planes et d'un vert obscur ; quelques-unes recoquillées et presque toutes réfléchies sur les rameaux ; bouton allongé, à écailles jaunâtres, se développant très-tard ; fleur moyenne, semi-
double, d'un rouge-cerise n. 1; pétales grands, mêlés à
beaucoup d'étamines. — *Passable.*

185. C. *Henri Favre* (Fav.).

Arbrisseau vigoureux à feuilles ovales-acuminées et lancéolées, d'environ 6 centimètres de largeur sur 13 de long,
épaisses, très-nervées, dentées profondément et largement ;
d'un vert foncé dans le genre de celles du *Punctata plena;*
bouton à écailles verdâtres, s'épanouissant en nid d'oiseau ;
fleur d'environ 9 centimètres de diamètre, pleine, légèrement bombée en dessus, d'un rouge-cerise clair n. 2 ; corolle en rosace étoilée, ronde, d'une forme agréable qui rap-
pelle beaucoup celle du *C. Imbricata rubra.* Pétales sur
plusieurs rangs, longs, arrondis au limbe, étroits à l'onglet,
imbriqués, régulièrement et admirablement, du centre à la
circonférence, légèrement veinés; concaves au moment de
l'épanouissement, s'aplatissant ensuite pour devenir en dernier lieu légèrement concaves ; ceux du centre sont d'un
rouge plus terne que ceux de la circonférence, mais de même
imbriqués. Obtenu de graine à Nantes par M. Favre, et
acheté à un prix excessivement haut par M. Cachet d'Angers, qui l'a mis dans le commerce l'automne dernier, 1839.
— *Magnifique.*

186. C. *Herbertii.*

Beau feuillage et port très-vigoureux ; bouton allongé, à

écailles verdâtres ; fleur assez grande, semi-double, d'un rouge-cerise n. 2 ; pétales larges, peu nombreux et épais ; quelques étamines au centre. — *Passable.*

187. C. *Humboldtiana.*

Feuilles ovales-acuminées, assez semblables à celles du *C. empereur d'Autriche* ; bouton médiocrement gros, à écailles vertes ; fleur grande, double, d'un rouge-cerise n. 2, qui passe ensuite au rose tendre, fleurit abondamment et longtemps. — *Très-belle.*

188. C. *Hybrida colorata.*

Port peu gracieux ; bois des rameaux noirâtre ; feuilles de 54 millim. de large sur 75 de long, ovales, un peu rou-lées sur elles-mêmes, à pointe renversée, nervures saillan-tes, celles du milieu surtout très-marquées ; bouton gros, à écailles vertes ; fleur de grandeur moyenne, d'un rouge-cerise n. 2, souvent panachée de blanc, semi-double ; péta-les dressés, arrondis, mêlés d'étamines. — *Passable.*

189. C. *Hélène.* (Sac.)

Feuilles de plus de 48 millim. de large sur 90 de long, al-longées, acuminées, presque lancéolées, horizontales, distan-tes, finement dentées, nervures apparentes, vert foncé ; bou-ton obtus, aplati, assez gros, à écailles calicinales, noirâ-tres à la base et blanchâtres au sommet ; fleur d'environ 9 centimètres de diamètre, double, rouge-cerise n. 4 ; pé-tales extérieurs au nombre de 9 ou 10, quelquefois da-vantage, larges, en éventail, étalés également sur le calice et assez rapprochés entre eux ; ceux de l'intérieur petits, tous égaux, réunis en faisceau sphérique, et formant un centre entier, large, égal, pareil à celui du *Warrata ancien* ou du *præcellentissima.* — *Jolie.*

190. C. *Heterophylla nova.*

C'est sous ce nom que nous avons rencontré à l'établissement horticole du boulevard Mont-Parnasse, n. 37, un Camellia qui porte les caractères suivants :

Feuilles de presque 6 centim. de large sur presque 10 de long, oblongues, lancéolées, un peu tourmentées, surface grenelée, dentées régulièrement et largement, d'un vert terne. Le bouton est gros, oblong, à écailles noirâtres ; la fleur a plus d'un décimètre de diamètre, double et d'un rouge-cerise clair, n. 1 ou 2 ; les pétales de la circonférence sont peu nombreux, mais de plus de 5 centimètres de large, ovales, presque ronds, veinés, un peu renversés au limbe et bien imbriqués ; les autres sont de moyenne force, ovoïdes, allongés, beaucoup plus étroits au sommet qu'au milieu et de même imbriqués ; ceux du milieu sont en anémone et forment un centre à peu près dans le genre du *Pulcherrima;* corolle large, arrondie, dans la forme du *Cliviana.*

191. C. *Imbricata.*

Feuilles de plus de 54 millim. de large sur 108 de long, ovales-lancéolées, tourmentées, recoquillées, dentées finement, et d'un vert terne ; bouton sphérique, assez gros, à écailles verdâtres; fleur grande, 108 millim. de diamètre, parfaitement ronde, d'un rouge-cerise n° 2, nuancé de laque carminée; pétales au nombre de 70 à 75, imbriqués régulièrement, ovales, larges, terminés en pointe au sommet; ceux du centre un peu striés ou marqués de blanc ; fleurit longtemps. — *Magnifique.*

192. C. *Insignis alba.*

Feuilles ovales, un peu lancéolées , de 50 millim. de large sur 108 de long, lisses, réclinées, roulées sur elles-mêmes, d'un vert nuancé de jaunâtre ; fleur grande, de 100 millim. de diamètre, simple , d'un rouge-cerise n. 3 ; six pétales à la circonférence, quelquefois tachés de blanc ; étamines pétaloïdes , blanches, légèrement striées d'un rouge pâle. — *Passable.*

193. C. *Insignis de Tat.*

Feuilles de 54 millim. de large sur 90 de long , oblongues, très-acuminées , rapprochées , presque planes , finement et régulièrement dentées , d'un vert obscur ; fleur semi-double, de 68 millim. de diamètre , d'un rouge-cerise n. 4 ; pétales imbriqués ; ceux du centre petits et mêlés à quelques étamines. — *Charmante.*

194. C. *Insignis rubra.*

Feuilles grandes de 60 millim. de large sur 108 de long , ovales-arrondies , légèrement acuminées , réfléchies inférieurement ; bouton gros , déprimé , à écailles noirâtres ; fleur grande , de 100 millim. de diamètre et davantage , simple, d'un rouge carminé brillant ; sept pétales arrondis ; au centre beaucoup d'étamines avortées ou à demi transformées en pétales striés de blanc ; pistils beaucoup plus longs que les étamines. Les dernières fleurs de cette variété ne ressemblent pas aux premières. — *Très-belle.*

195. C. *Kingston.*

Feuilles de 5 à 6 centimètres de large sur 8 à 9 de long , horizontales , arrondies , épaisses , surface inégale , bien dentées, et d'un vert obscur ; bouton obtus, à écailles vertes ; fleur d'un rose tendre, pleine, ayant de 10 à 11 centimètres de diamètre. Les premiers pétales sont larges, peu nombreux, étalés sur le calice, échancrés et d'une forme obronde ; les autres sont de différentes formes, inégaux , larges , longs , droits , serrés en masse et groupés de manière à faire une corolle irrégulière dans le genre du *Triumphans rubra.* — *Magnifique.*

196. C. *Knightii eximia.*

Feuilles petites, rapprochées , ovales , très-acuminées , réfléchies inférieurement à l'extrémité , très-veinées et d'un vert terne ; bouton d'abord allongé, pointu, oblong et obtus quelques jours avant son développement ; fleur semi-double, de 68 millim. de diamètre, d'abord rose n. 4, et plus tard rouge-cerise n. 2 ; pétales extérieurs imbriqués, un peu marbrés de blanc ; ceux du centre plus petits, tourmentés, entremêlés d'étamines. — *Passable.*

197. C. *Lockerii.*

Belle plante, vigoureuse et nouvelle ; bouton de moyenne force, obtus, à écailles verdâtres ; fleur d'environ 9 cent. de diamètre, rose foncé, n. 3, parfois rouge-cerise clair, n. 1, selon la saison ; pétales sur 5 ou 6 rangs, minces, presque ronds, rapprochés, nombreux, de moyenne grandeur, en cuiller, imbriqués tous également du centre à la circonfé_rence avec grâce, et formant une corolle ronde, régulière et parfaite. — *Superbe.*

198. C. *Latifolia nova.*

Feuilles larges de 80 millim. sur une longueur à peu près égale et comme imbriquées, arrondies à leur base, pointe recourbée inférieurement, luisantes et très-nervées ; fleur en rose, de 80 millim. de diamètre, d'un rouge-cerise n. 3 ; pétales de l'intérieur irréguliers, festonnés et recoquillés ; ceux de l'extérieur souvent à 2 ou 3 lobes arrondis. — *Superbe.*

199. C. *Latifolia macrantha.*

Arbrisseau très-vigoureux, élevé, pyramidal, d'un port majestueux et d'une croissance rapide ; feuilles de 8 centimètres de large sur 1 décimètre et plus de long, les unes ovales, arrondies, les autres allongées, peu nombreuses, distinctes, très-épaisses, horizontales, nervures et ramifications profondes, d'un vert très-foncé, un peu dans la forme de celles du C. *Triumphans rubra* ; boutons ovales, obtus, fort gros, nombreux, rassemblés, à écailles vertes ; fleur de plus d'un décimètre de diamètre, très-pleine, rouge-cerise

clair n. 4, quelquefois plus foncée ; pétales extérieurs sur
2 ou 3 rangs, bien imbriqués, larges, rapprochés, peu
échancrés et renversés au limbe avec grâce ; ceux de l'intérieur
entremêlés de grands et de petits, très-nombreux, réunis
par paquets, longs, droits, inégaux, ramassés ; le sommet,
au lieu d'être échancré, est surmonté d'une petite pointe
presque imperceptible ; l'ensemble de ces pétales forme un
tout volumineux, séparé des pétales de la circonférence. —
Magnifique.

200. C. *Lambertii.*

Feuilles à peu près pareilles à celles du C. *Rubra plena ;*
fleur grande, semi-double et souvent simple, rouge-cerise
n. 3. — *Passable.*

201. C. *Ludovica.*

Arbrisseau vigoureux, mais sans grâce, élancé, à branches
diffuses ; feuilles de 68 millim. de large sur plus de 100 de
long, allongées, recoquillées au sommet, nervées profondément, très-dentées, d'un vert terne ; bouton oblong, pointu,
à écailles verdâtres ; fleur de moyenne force, double, cerise
n. 3 ; pétales extérieurs peu nombreux, larges, imbriqués
irrégulièrement, de différentes formes ; ceux de l'intérieur
petits, inégaux, presque tous taillés en lanière et mal coordonnés. — *Passable.*

202. C. *Lady Grafton.*

Feuilles d'environ 6 centimètres de large sur 8 de long,
ovales-allongées, d'autres de différentes formes, horizontales, la pointe un peu recourbée, fortes nervures, d'un
vert foncé ; corolle irrégulière, en boule, à peu près dans le
genre du *Preston eclipse ;* pétales extérieurs peu nombreux,
larges, obronds, échancrés au sommet et retournés au limbe ;
ceux de l'intérieur très-nombreux, de moyenne force, serrés
entre eux, inégaux, irrégulièrement placés, tourmentés, et
formant une boule. — *Superbe.*

203. C. *Lefevriana*. (Lef.)

Feuilles de 6 centimètres de large sur 8 de long, arrondies, acuminées, horizontales; nervures profondes, bien veinées et dentées, d'un vert obscur; bouton gros, obtus, à écailles vertes; fleur de 8 centimètres de diamètre, pleine, rouge-cerise n. 2, quelquefois panachée de blanc; pétales de la circonférence sur 1 ou 2 rangs, oblongs, tourmentés, d'un coloris rose au limbe, et plus foncés au centre, quelques-uns échancrés, tous renversés et séparés de ceux du centre, qui sont petits, ramassés, droits, serrés en faisceau sphérique large de 50 millim. et ouvert au milieu, où paraissent quelques étamines; forme du *Warrata alba*, mais moins grand; florifère et précoce. — *Superbe.*

204. C. *Lechiana nova*. (Cas.)

Fleur de plus d'un décimètre de diamètre, double, cerise n. 3, à la circonférence, passant au clair vers le centre; pétales extérieurs ronds, échancrés, imbriqués bien régulièrement; ceux du centre ont quelques stries ou taches blanches; corolle en rosace étalée. — *Magnifique.*

205. C. *Leonardii*. (Cas.)

Feuilles larges et d'un beau vert; bouton allongé, à écailles vertes; fleur d'un décimètre de diamètre, bien double, cerise n. 3, veinée; pétales extérieurs sur plusieurs rangs, assez larges, réguliers; les uns échancrés, les autres entiers; ceux du centre petits, réunis en faisceau, distincts et entremêlés de quelques-uns plus grands. — *Très-belle.*

206. C. *Lindbria vera*.

Feuilles de 6 centimètres de large sur presque un décimètre de long, arrondies, peu acuminées, horizontales, sommet recourbé en-dessous, écartées, épaisses, surface supérieure grossièrement nervée, très-dentées, d'un vert noir; bouton gros, obtus, à écailles noirâtres à la base et jaunâtres au

sommet ; fleur d'un décimètre de diamètre, pleine, d'abord
cerise clair n. 1 , ensuite rose n. 4 ; corolle en rosace
étalée ; pétales extérieurs sur 5 à 6 rangs, larges, ovales,
arrondis, les uns échancrés, les autres entiers ; les uns partagés verticalement par une ligne médiane, d'un rouge plus
foncé que le fond ; les autres unis, imbriqués inégalement ,
ceux du centre inégaux, allongés, contournés, rubanés,
festonnés avec grâce, et disposés en cœur assez large et irrégulier ; elle fleurit bien en février. — *Magnifique*.

207. C. *Malibrani*.

Feuilles de 5 cent. de large sur presque 9 de long, allongées,
lancéolées, horizontales, rapprochées, nombreuses, nervures
saillantes, finement dentées, d'un vert foncé ; bouton obtus, à écailles noirâtres à la base et blanchâtres au sommet ; fleur de 135 mill. de diamètre, double, rouge-cerise
n. 3, quelquefois un peu plus foncée ; pétales peu nombreux,
mais larges, très-allongés, foliacés, mal imbriqués, profondément échancrés, vernissés, plus foncés au limbe qu'à l'onglet ; ceux du centre petits, au nombre de 3 ou 4, courts, irréguliers, quelques étamines au centre. Il existe un autre Camellia sous ce nom, qui n'est autre chose que le *Superbissima*
de Sacco. — *Très-jolie*.

208. C. *Macrophylla*.

Il y a dans le commerce plusieurs variétés de Camellia sous
ce nom : la plus ancienne a une fleur simple et de peu d'apparence ; la deuxième a un très-beau feuillage, et une petite
fleur semi-double, insignifiante ; la troisième ressemble beaucoup au C. *Humboldtiana* ; la quatrième enfin, et que je crois
la véritable, porte des feuilles grandes, de 109 millim. de
large sur 150 de long, ovales-arrondies, à nervures très-
saillantes, et d'un beau vert ; fleur très-bien faite, d'un
rouge-cerise n. 1 ; pétales arrondis, larges ; ceux du centre
tourmentés, chiffonnés et disposés en spirale ; quelques

étamines très-courtes au milieu ; corolle de neuf centimètres de diamètre. — *Superbe.*

209. C. *Monstruosa italica.*

Feuilles de 6 centimètres de large sur plus d'un décimètre de long, ovales, obtuses; d'autres oblongues, peu acuminées, fortement nervées, régulièrement dentées, et d'un vert ordinaire; bouton très-gros, obtus, à écailles jaunâtres; fleur de plus d'un décimètre de diamètre, double, d'un rouge-cerise n. 4, quelquefois plus claire; pétales divers, les uns larges de 40 millim., d'autres oblongs, d'autres arrondis, tous échancrés et étalés avec quelque régularité; le centre est composé de quelques pétales inégaux, irréguliers, de moyenne force, retournés, et renfermant quelques étamines fertiles; corolle en rosace, dans le genre du C. *Ignea* ou *Ignivoma.* — *Superbe.*

210. C. *Miss Rosa.*

Arbrisseau très-vigoureux ; feuilles horizontales, ovales, presque rondes, de 108 millim. de longueur sur 60 millim. de large, acuminées, très-dentées, épaisses, à fortes nervures; pétales plus longs que dans les autres variétés; boutons nombreux, pointus, semblables à ceux du C. *Variegata plena;* fleur de 68 millim. de diamètre, semi-double, d'un rouge-cerise n. 1 ; pétales extérieurs, au nombre de 8 ou 10, très-larges; ceux du centre petits, déprimés et disposés en spirales.; fleurit beaucoup et facilement. — *Très-belle.*

211. C. *Magniflora simplex.*

Feuilles à peu près pareilles à celles du C. simple rouge ; port pyramidal, vigoureux et élégant; fleur de 135 millim. de diamètre, simple, d'un rouge-cerise n. 2 ; beaucoup d'étamines au centre. C'est M. Tamponet qui l'a obtenue de graines. — *Très-belle.*

212. C. *Mutabilis Traversii.*

Arbrisseau vigoureux ; feuilles larges, d'un beau vert, un peu recoquillées, nervures prononcées ; fleur régulière, double, de 9 centimètres de diamètre, d'abord d'un rose tendre en s'épanouissant, ensuite plus foncée et nuancée de violet ; pétales au nombre de 60 à 70, dont le côté extérieur est marginé de blanc, et la plupart sont traversés par une ligne blanchâtre, qui s'étend régulièrement depuis la lame jusqu'à l'onglet. Corolle en entonnoir renversé et régulièrement imbriquée. — *Superbe.*

213. C. *Mirra.* (Mar.)

Feuilles de différentes formes, plus ou moins grandes, mais toujours ovales-arrondies, peu acuminées ; les unes horizontales, les autres réclinées, toutes bien dentées, et d'un vert foncé ; bouton gros, oblong, à écailles verdâtres ; fleur de plus de 9 centimètres de diamètre, double, d'un rouge-cerise clair n. 4, lavé de carmin ; pétales extérieurs sur plusieurs rangs, de médiocre largeur, renversés également sur le calice, imbriqués avec peu de régularité ; ceux du centre petits, relevés, longs, inégaux, et formant par leur réunion un centre peu considérable ; corolle en rosace arrondie. — *Superbe.*

214. C. *Nannetensis.*

Feuilles assez grandes, ovales-obtuses, roulées en dessous, peu acuminées, veinées, d'un vert mat ; fleur double, bien imbriquée, de 68 millim. de diamètre, rouge-cerise n. 1, quelquefois plus foncée ; pétales peu nombreux, étalés en rosace, presque tous égaux. — *Très-jolie.*

215. C. *Nec plus ultra.* (Amér.)

Feuilles de 54 millim. de large sur 95 de long, difformes, les unes ovales-allongées et lancéolées, les autres arrondies, horizontales, à nervures profondes, bien dentées, et d'un

vert terne ; bouton très-gros, à écailles jaunàtres ; fleur de
presque un décimètre de diamètre, pleine, et d'une couleur
rouge-cerise clair n. 1, presque rose ; les pétales extérieurs
ne sont pas nombreux, mais tous bien imbriqués, larges,
bien faits, et quelquefois marqués de blanc. Cette plante ressemble beaucoup au *Philadelphica*. — *Magnifique*.

216. C. *New-imported*.

Feuilles à peu près pareilles à celles du C. *Rawsiana* ;
bouton arrondi, à écailles noiràtres ; fleur moyenne, double,
bien faite, d'un rouge-cerise n. 2. — *Très-belle*.

217. C. *Oxriglomana superba*.

Feuilles grandes, allongées, horizontales, surface à nervures profondes, d'un vert obscur ; bouton gros, un peu
obtus, à écailles vertes ; fleur de 8 centimètres de diamètre,
souvent beaucoup plus grande, fond rose brillant et délicat,
à stries multipliées, rapprochées, d'un rouge-cerise clair ;
pétales sur 6 ou 7 rangs, ronds, peu échancrés, minces,
serrés, tous alternativement imbriqués, de la circonférence
au centre, avec beaucoup de régularité ; corolle évasée, bien
faite, ressemblant un peu au *Swetii vera*, ayant le fond
d'un rose plus éclatant. — *Magnifique*.

218. C. *Osburnea*.

Feuilles de 35 millim. de large sur 95 millim. de long,
oblongues, luisantes, planes, peu acuminées, recourbées
vers la tige, et comme imbriquées, très-finement dentées ;
bouton ovale-pointu, à écailles calicinales, verdàtres ; fleur
grande, d'un rouge-cerise n. 1, semblable à celle du C.
Cariophyllæflora, c'est-à-dire composée de 8 pétales à la circonférence, de beaucoup d'étamines simples ou pétaloïdes,
courtes, réunies en faisceaux serrés, striées d'un rouge pâle
et formant une boule déprimée. — *Jolie*.

219. C. *Oxoniensis.*

Arbrisseau très-vigoureux ; branches grandes et élancées ; feuilles ovales-arrondies , très-acuminées et régulièrement dentées ; bouton gros , ovale, à écailles verdâtres , quelquefois noires au sommet; fleur large, double, de 108 millim. de diamètre, d'un rose intense, très-difficile à décrire ; pétales extérieurs rangés en cœur, renversés, rétrécis à leurs onglets , très-larges au limbe, régulièrement disposés en rosace ; ceux du centre petits, droits , irrégulièrement marqués de rose et de blanc, ce qui donne un caractère de beauté toute particulière à cette fleur. Les organes sexuels sont apparents. Quelques étamines pétaloïdes. — *Superbe.*

220. C. *Ornata.*

Feuilles moyennes , horizontales, d'un beau vert ; bouton gros, à écailles presque noires ; fleur grande, large, double, d'un rouge-cerise violacé tendre n. 3 , bien faite, ayant quelque ressemblance avec celle du C. *Rosa sinensis.*—*Belle.*

221. C. *Percyæ.*

Feuilles grandes, ovales-arrondies, fermes, d'un vert noirâtre ; bouton oblong, à écailles verdâtres ; fleur grande, simple, rouge-cerise n. 1 ; étamines nombreuses, écartées et renversées très-régulièrement, au lieu d'être droites et serrées en faisceaux comme dans le C. *Aitonia ;* cette disposition des étamines lui donne la forme de l'intérieur de la fleur d'une *Passiflora.* — *Curieuse.*

222. C. *Penicillata.*

Feuilles de 54 mill. de large sur 108 de long , ovales-lancéolées, très-dentées, presque planes, d'un beau vert ; bouton assez gros, à écailles vertes ; fleur de 68 mill. de diamètre, semi-double, d'un rouge-cerise n. 3 ; pétales de la circonférence réfléchis sur le calice, les autres relevés comme dans le C. *Rex Bataviæ.* Quelques étamines au centre. — *Jolie.*

223. C. *Parthoniana*. Voyez C. *Dorsetti*.

223 *bis*. *Paulowski* ou *Rosa plenissima*.

Feuilles diverses, les unes allongées, les autres arrondies, horizontales, minces, à nervures profondes, bien dentées et d'un vert obscur ; fleur d'environ 9 cent. de diamètre, pleine, d'un rouge-cerise clair n. 1, souvent plus tendre et plus délicat ; corolle en rosace étalée et régulière ; pétales arrondis, assez nombreux, échancrés au sommet, bien étalés et imbriqués admirablement de la circonférence au centre. Elle ressemble un peu, par sa forme, à l'*Imbricata*. — *Superbe*.

224. C. *Preston eclipse*.

Feuilles tout à fait semblables à celles du C. *Imperialis*, ainsi que le bouton ; fleur grande de plus d'un décimètre de diamètre, rouge-cerise clair uni n. 1 ; pétales extérieurs sur deux ou trois rangs, tourmentés, entièrement renversés, échancrés au sommet. Ceux qui les suivent, dressés, déchiquetés, très-nombreux, rapprochés, serrés, et formant, par leur rassemblement, une boule entière, ronde, fort grande, très-florifère. — *Magnifique*.

225. C. *Paradoxa*.

Feuilles de 54 mill. de long sur 96 de large, ovales, arrondies, à nervures prononcées ; fleur grande, simple, régulière, d'un rouge-cerise clair n. 5 ; pétales légèrement ondulés, échancrés au sommet ; filets des étamines soudés jusqu'à la moitié de leur longueur. — *Passable*.

226. C. *Pulchella*.

Feuilles petites, d'un vert pâle ; bouton à écailles noirâtres ; fleur petite, semi-double, d'un rouge-cerise n. 1, à pétales droits. — *Passable*.

227. C. *Pæoniæflora rubra*.

Arbrisseau vigoureux, tendant à monter, et qui a besoin

d'être taillé pour acquérir un beau port; feuilles de 54 mill. de large sur 80 mill. de long, peu dentées, ovales, acuminées, luisantes, d'un vert assez foncé; bouton gros, arrondi, à écailles vertes; fleur de 120 mill. de diamètre, et quelquefois davantage, d'un rose vif n. 4 , souvent d'un rouge-cerise n. 2, pleine; pétales planes à la circonférence, au centre grands et en forme de cornet, nombreux, étroits, serrés, formant un centre relevé. — *Superbe.*

228. C. *Parcksii striped.*

Feuilles petites, de 50 mill. de large sur 55 de long, réfléchies en dessous, recourbées au sommet, à nervures apparentes, mais petites, d'un vert obscur, à surface raboteuse; bouton à écailles vertes; fleur grande, double, d'un rouge-cerise n. 2 d'abord, ensuite rose; pétales de la circonférence larges, finement échancrés au sommet; quelques étamines au centre. Cette fleur ressemble un peu à celle du C. *Rosa sinensis.* — *Jolie.*

229. C. *Palmerii rubra.*

Feuilles de grandeur moyenne, dans le genre de celles du C. *Lucida;* fleur assez petite, double, d'un rouge-cerise n. 3. — *Passable.*

230. C. *Pretiosa.*

Feuilles de moyenne force, dans le genre de celles du C. *Pinck;* bouton ovale-pointu, à écailles jaunâtres; fleur de 9 cent. de diamètre, forme du C. *Præcellentissima,* rouge-cerise n. 3 ou 4 ; pétales extérieurs peu nombreux, larges, étalés et écartés les uns des autres ; ceux qui les suivent sont tous égaux, réunis en faisceau à la base, comme dans le C. *Warrata* ancien, formant comme celui-ci une sphère élevée. — *Très-belle.*

231. C. *Pinck amplissima.*

Feuilles allongées, ovoïdales, très-acuminées, de 32 mill.

de large sur 90 de long, les anciennes plus grandes et plus arrondies que les nouvelles ; bouton petit, à écailles noirâtres ; fleur très-petite, double, d'un rouge-cerise n° 1 ; pétales étalés, peu nombreux, quelques-uns seulement échancrés, presque tous égaux en longueur ; quatre ou cinq de ceux du centre sont plus petits, couchés, entortillés ; pistil apparent.

232. C. *Pompadoura magna*. (Calc.)

Feuilles ovales-allongées, un peu recourbées au sommet, profondément dentées ; bouton ovale, à écailles jaunâtres ; fleur d'environ 1 décim. de diamètre, pas très-double, rouge-cerise n. 1 ; laque carminée, plus ou moins foncée selon la saison ; pétales extérieurs sur trois rangs, très-larges, peu nombreux, imbriqués régulièrement, peu échancrés, fond rouge-carmin clair, légèrement veinés d'un rose pâle tirant sur le blanc, dont le limbe est bordé d'un violet cendré ; les autres de même peu nombreux, détachés, en lanière et formant un centre composé de petits pétales courts, étroits, entremêlés de quelques étamines et du pistil. — *Très-belle*.

233. C. *Prattii* (Amér.), Buist.

Feuilles de 68 mill. de large sur 122 mill. de long, ovales-lancéolées, très-acuminées, peu dentées et d'un vert obscur luisant ; fleur parfaitement régulière, très-double, de 95 mill. de diamètre, quelquefois de 108 mill., d'un rouge-cerise clair n. 3 ; pétales arrondis, très-nombreux, rapprochés, marqués au centre par une ligne longitudinale d'une couleur blanchâtre. Obtenu de graines, par M. Buist, de Philadelphie. — *Magnifique*.

234. C. *Pluton*. (Mar.)

Feuilles grandes, larges, lancéolées, à nervures prononcées et d'un vert très-foncé ; bouton obtus, à écailles verdâtres ; fleur de plus de 108 mill. de diamètre, pleine, d'un rouge-cerise à peu près pareil à celui du *Colombo* ; pétales ovales, très-larges, d'une grande dimension, épais, veinés, d'un rouge plus foncé que le fond, appuyés sur le calice avec beaucoup de grâce, et imbriqués régulièrement du centre à la circonférence, mais largement, comme on le voit dans les Dahlia, à peu près comme dans le *Grand-Frédéric*. — *Magnifique*.

235. C. *Pherwoordii* (Pherw.), Amér.

Feuilles de 68 mill. de large sur 108 mill. de long, les unes ovales-arrondies, les autres oblongues, acuminées, à nervures prononcées, très-dentées et d'un vert foncé; fleur de 95 mill. de diamètre, quelquefois même de 108 mill., double, d'un rouge-cerise clair n. 3; pétales très-nombreux, imbriqués régulièrement du centre à la circonférence. Obtenu de graines par M. Pherwood de Philadelphie. — *Magnifique*.

236. C. *Palmer's perfection*.

Bouton gros, oblong, à écailles verdâtres; fleur d'environ 1 décim. de diamètre, rouge-cerise foncé n. 2, pleine; pétales extérieurs nombreux, sur 5 ou 7 rangs, arrondis, larges, en cuiller d'abord, ensuite renversés avec grâce sur le calice, légèrement échancrés au sommet, imbriqués tous avec symétrie et d'une teinte carmin éblouissant; ceux de l'intérieur sont moins grands, même forme, même nuance, mais disposés différemment sur le calice, et moins régulièrement imbriqués; corolle en rosace, ronde, régulière et odoriférante au soleil. — *Magnifique*.

237. C. *Palmer's Cavandesii*.

Feuilles diverses, les unes allongées, les autres arrondies, horizontales, le sommet un peu recourbé, d'un vert foncé; bouton rond, à écailles calicinales verdâtres; fleur de plus de 9 cent. de diamètre, rouge-cerise n. 4, pleine; pétales assez larges, arrondis au limbe et peu échancrés, bien étalés, disposés en étoile les uns sur les autres, et imbriqués tous de la circonférence au centre régulièrement ; quelques petites lignes blanches souvent les traversent longitudinalement. — *Magnifique.*

238. C. *Perruchini*. (Berl., 1840.)

Arbrisseau vigoureux, d'une végétation rapide, bois grisâtre, rameaux divergents, d'un port majestueux ; feuilles de plus de 5 centimètres de large sur environ 9 de long, ovales-oblongues, peu acuminées, horizontales, surface supérieure à veines saillantes, dentées régulièrement et profondément, épaisses et d'un vert foncé ; bouton extrêmement gros, ovale-oblong, sommet aplati, écailles calicinales verdâtres ; fleur de 12 cent. de diamètre, pleine, rouge-cerise n. 3 ; pétales extérieurs larges, oblongs, renversés, peu nombreux ; ceux qui les suivent sont de même larges, difformes, les uns droits, les autres penchés, très-nombreux ; compactes, serrés les uns contre les autres en cinq ou six paquets assez larges, ayant chacun un centre distinct, et formant par leur ensemble une boule de plus de 10 à 12 cent. de diamètre ; corolle sphérique ressemblant entièrement à celle du C. *Triumphans rubra,* d'un rouge plus intense.

Cette plante magnifique a été obtenue de semence en Italie, par le jardinier du feu docteur Sacco, de Milan ; elle a fleuri pour la première fois, cette année 1840, dans notre serre, à Paris, et pour lui donner de l'importance, nous l'avons dédiée à l'un de nos plus illustres compatriotes vénitiens, M. J.-B. Perruchini, notre ancien collègue et bon ami.

239. C. *Plumaria.*

Feuilles de 54 mill. de large sur 95 mill. de long, ovales-arrondies, un peu mucronées, épaisses, régulièrement dentées au sommet et irrégulières à la base, d'un vert sombre ; bouton allongé, à écailles vertes ; fleur de grandeur moyenne, simple, rouge-cerise n. 2 ; pétales au nombre de 5 ou 7, larges ; étamines simples, mêlées à d'autres demi-transformées en pétales. — *Assez insignifiante.*

240. C. *Reine des Pays-Bas*.

Feuilles rapprochées, luisantes, semblables à celles du C. *Rubra simplex;* bouton à écailles calicinales, vertes ; fleur de 80 mill. de diamètre, double, rouge-cerise clair n. 2 ; pétales renversés et chiffonnés à la circonférence ; ceux du centre dressés et tourmentés. — *Passable.*

241. *Radiata*.

Feuilles de grandeur moyenne, ovales-lancéolées, d'un vert mat, presque sans nervures ; bouton rond, déprimé, à écailles noirâtres à la base et blanchâtres au sommet ; fleur de 75 mill. de diamètre, pleine, régulière, d'un rouge-cerise tendre n. 1 ; pétales bien imbriqués, formant une coupe, comme dans le C. *Florida*. — *Passable.*

242: C. *Rosa sinensis*.

Arbrisseau à rameaux grisâtres ; feuilles grandes, rapprochées, à fortes nervures, ovales, acuminées, régulièrement dentées, renversées sur la tige, d'un vert très-foncé ; bouton assez gros, forme et couleur du C. *Variegata plena;* fleur grande, de 108 mill., et quelquefois davantage, pleine, régulière, d'un rouge-cerise n. 2, quelquefois rose ; pétales extérieurs renversés, et à limbe un peu irrégulier ; ceux du centre plus étroits, un peu chiffonnés, quelques-uns striés de blanc et de rose clair. — *Superbe.*

243. C. *Rosea splendida*.

Feuilles de 5 cent. de large sur 8 de long, les unes ovales, arrondies, les autres allongées, horizontales, sommet un peu courbé, nervures profondes, très-veinées et dentées ; bouton ovale, arrondi, à écaille vert pâle ; fleur de 9 cent. de diamètre, double, cerise clair n. 3 ; pétales extérieurs, larges, presque ronds, sur plusieurs rangs, imbriqués, les uns plus foncés que les autres ; ceux de l'intérieur courts, en spirale, peu nombreux et renfermant 4 ou 5 filets courts et minces sans anthères. — *Très-belle.*

244. C. *Rosa plenissima.* Voyez *Paulowski.*

245. C. *Rosea rubra.*

Arbrisseau assez robuste, touffu, élancé; feuilles allongées, recourbées, de moyenne force, difformes, irrégulièrement dentées; boutons longs, pointus, à écailles verdâtres; fleur semi-double, d'environ 8 cent. de diamètre, rouge-cerise n. 2; pétales de la circonférence sur deux rangs, cordiformes; ceux de l'intérieur petits, allongés, recourbés en dehors et en dedans, quelquefois tachés de blanc; beaucoup d'étamines fertiles au centre. — *Passable.*

246. C. *Reticulata.*

Ce Camellia vient de la Chine. Il est considéré par tous les botanistes comme une espèce distincte. Il diffère, sous tous les rapports, du C. *Japonica* par ses feuilles roides, planes et fortement réticulées, ainsi que par un ovaire soyeux, qu'on ne rencontre pas dans les autres espèces. Bouton très-gros, conique, de 54 mill. de longueur avant son épanouissement; calice pentaphylle, d'un vert jaunâtre; feuilles oblongues, acuminées, réticulées, dentées, d'un vert foncé; fleur très-grande, de 135 mill. de diamètre, semi-double; pétales au nombre de 20 à 23, ondulés et insérés d'une manière lâche et irrégulière, d'un rouge-cerise n. 2, vif, nuancé de rose; étamines nombreuses et irrégulièrement placées, les unes droites, les autres courbées; anthères larges, d'un jaune brun sale, qui fait tort à l'éclat des pétales. Cette fleur ressemble beaucoup à celle du *Pæonia arborea rosea,* lorsque celle-ci n'est que semi-double, ce qui arrive souvent; même couleur et même forme. — *Magnifique.*

247. C. *Rubricaulis.*

Arbrisseau vigoureux et d'un joli port; feuilles de 68 mill.

de large sur 95 de long, ovales-arrondies, rapprochées,
épaisses, à larges dents et à nervures profondes, d'un vert
foncé; bouton ovale-allongé, à écailles jaunâtres; fleur semi-
double, de 68 mill. de diamètre, d'une forme régulière, d'un
rouge-cerise n. 3; pétales arrondis, larges, écartés; corolle
en forme de vase; beaucoup d'étamines au centre. Il existe
dans le commerce le C. *Rubricaulis variegata;* ce n'est autre
chose que le C. *Rubricaulis* ordinaire, qui fleurit panaché
lorsqu'on le force à fleurir de bonne heure dans la serre
chaude. Cette particularité de donner des fleurs panachées se
fait remarquer dans plusieurs variétés à fleurs rouges, toutes
les fois qu'on les soumet à la chaleur pour les faire fleurir
avant leur époque naturelle.

Les C. *Chandlerii, Spectabilis, Coccinea, Rex Bataviæ,
Aglae Rosa sinensis, Corallina, Berlesiana, Wiltonia, Rubra
plena* et autres, subissent ce changement. Le *Variegata plena*
se panache davantage en hiver qu'au printemps.

248. C. *Rosa punctata.*

Feuilles de 54 millim. de large sur 68 de long, ovales-arrondies, acuminées, rapprochées, horizontales, dentées régulièrement, et d'un vert assez foncé; fleur de 95 millim. de
diamètre, double, bien faite, d'un rouge-cerise n. 2, quelquefois avec quelques taches blanches. — *Très-jolie.*

249. C. *Rosæflora.*

Feuilles de 54 millim. de large sur 86 de long, ovales-
lancéolées, acuminées, quelques-unes roulées en dessous, à
fortes nervures, et d'un beau vert; bouton assez gros, oblong, allongé, à écailles vertes; fleur régulière, double, de
80 millim. de diamètre, rouge-cerise n. 2; pétales assez nombreux, ovales-oblongs, bien imbriqués, en rosace; quelques
étamines. — *Jolie.*

250. C. *Rotundiflora.*

Feuilles diverses, de moyenne force, allongées, veinées

fortement et bien dentées; bouton ovale-obtus, à écailles noirâtres; fleur de plus de 8 centim. de diamètre, pleine, rouge-cerise foncé n. 4, quelquefois plus claire; pétales larges, obronds, échancrés légèrement au sommet, quelques-uns entiers, peu nombreux, mais bien étalés. Il ne faut pas confondre cette variété avec le *Rotundifolia* : la fleur de celle-ci est peu apparente, tandis que celle de la première est vraiment *très-jolie*.

251. C. *Scintillans*.

Feuilles de 54 millim. de large sur 80 de long, ovales, un peu acuminées; nervures apparentes, d'un vert ordinaire; bouton assez gros, un peu pointu, à écailles jaunâtres; fleur grande, de 80 millim. de diamètre, double, rouge-cerise n. 1; pétales nuancés de rouge et de rose, longs, étroits, assez bien imbriqués. — *Très-jolie*.

252. *Sericea* ou *Serica vera*.

Feuilles de 6 centim. de large sur 1 décim. et 3 centim. de long, très-allongées, lancéolées, réclinées, très-nombreuses, la pointe regardant la terre, lisses, largement dentées; bouton fort gros, obtus, sommet acuminé, à écailles jaunâtres; fleur de plus de 108 millim. de diamètre, très-pleine, rouge-cerise n. 4, quelquefois plus foncé et plus terne; corolle en anémone, exactement dans la forme de celle du C. *Warrata alba plena*, seulement plus large et plus aplatie; pétales de la circonférence sur 4 rangs, larges, ovales-ronds, régulièrement placés, mais inégaux en dimension, renversés, très-échancrés; le centre est en boule, composé de pétales véritables, mais courts, très-nombreux, ramassés, droits et serrés entre eux. — *Superbe*.

253. C. *Sterope*. (Mar.)

Feuilles ovales-arrondies, dans la forme de celle de *Dorsetti*; bouton arrondi, gros, à écailles verdâtres; fleur d'environ 108 millim. de diamètre, pleine, d'un rouge-cerise n. 5;

10

laque carminée à peu près dans les nuances de l'*Imbricata ;* pétales extérieurs sur 3 rangs, étalés avec régularité, larges de plus de 27 millim., peu nombreux, profondément échancrés et nuancés ; ceux de l'intérieur sont entremêlés de grands et de petits, tous irréguliers, tourmentés, séparés de ceux de la circonférence et formant un centre assez large, inégal, relevé, à peu près comme dans l'*Atrorubens*. — *Superbe*.

254. C. *Spiralis*.

Feuilles ovales-arrondies, très-larges, le sommet aigu et retourné, très-dentées, fortes nervures ; bouton très-gros, à écailles vertes ; fleur d'environ 108 millim., pleine, rouge-cerise n. 4, laque carminée un peu claire ; corolle aplatie ; pétales de la circonférence très-nombreux, larges, allongés, pointus, inégaux, échancrés, assez bien imbriqués, bien alignés et renversés avec grâce ; ceux de l'intérieur sont séparés de ceux de la circonférence, ont la même forme, mais placés inégalement, les uns à moitié retournés, les autres droits et taillés en lanière, quelques-uns tachés d'une teinte blanchâtre — *Superbe*.

255. C. *Sarniensis*.

Fleur d'environ un décim. de diamètre, pleine, couleur cerise-clair n. 3, ou carmin rose vif ; pétales larges, bien imbriqués, nombreux, étalés avec grâce, renversés et formant par leur belle disposition une corolle régulière, aplatie, d'un effet magnifique.

256. C. *Striped major*.

Fleur pleine, d'un décim. de diamètre, rouge-cerise n. 3, carmin brillant et transparent ; pétales extérieurs sur 3 ou 4 rangs, larges de presque 5 centim., arrondis, très-échancrés, égaux, renversés, veinés légèrement, mal imbriqués ; ceux qui les suivent sont très-nombreux, difformes, plus longs que larges, inégalement disposés, tourmentés, dressés, imbriqués et serrés les uns contre les autres en paquet droit, sans régularité ; corolle en anémone dans le genre du *Colvilii*. — *Magnifique*.

257. C. *Superba*.

Feuilles ovales-arrondies, de 54 millim. de large sur 68 de long, dentées et un peu tourmentées, épaisses, d'un vert terne ; fleur grande, semi-double, faite en large coupe, d'un beau cerise n. 3 ; quelques étamines se trouvent entremêlées de petits pétales. — *Passable*.

258. C. *Staminea simplex* ou *Pinckolor*.

Feuilles très-grandes, de 81 millim. de large sur 115 de long, ovales-arrondies, fermes, épaisses, peu acuminées, à fortes nervures, d'un vert pâle ; bouton très-gros, oblong, obtus, à écailles jaunâtres ; fleur de 11 centim. de diamètre, simple, d'un rouge-cerise, n. 2, quelquefois plus foncée ; étamines nombreuses ; anthères grosses ; filets courts. — *Très-belle*.

259. C. *Sophiana*. (Poit.)

Arbrisseau vigoureux ; feuilles ovales, légèrement acuminées, dentées peu profondément, d'un beau vert ; bouton gros, conique ; fleur rouge-cerise n. 2, double, large de 135 millim. ; pétales peu nombreux, mais larges, bien imbriqués, réfléchis vers le sommet, convexes au milieu et concaves à la base ; pétales du centre disposés comme la corolle d'un lis ; les filets des étamines sont divisés en 5 ou 6 faisceaux divergents. Obtenu de semis par M. Mathieu, à Paris, et nommé par M. Poiteau.

Nous avons maintenant ce Camellia en fleur, et nous pouvons assurer les amateurs qu'il est de la plus grande beauté. A la solidité de ses boutons et à l'abondance de ses fleurs, il faut ajouter une végétation très-rapide, un port magnifique, une rusticité incomparable.

Les fleurs qu'il a rapportées la première année de sa floraison (1836) n'avaient que 95 millim. de diamètre ; celles de cette année (1840) en ont 135. Ce Camellia ne se trouve encore que chez M. Mathieu, rue de Buffon, 23.

260. C. *Spatulata.*

Feuilles assez grandes ; bouton à écailles jaune noirâtre ; fleur grande, simple, rouge-cerise n. 3 ; pétales allongés, bifides, spatulés, creusés en gouttière, ayant le sommet un peu renversé ; porte graine. — *Belle.*

261. C. *Thunbergia.*

Feuilles de 50 millim. de large sur 80 de long, ovales, peu acuminées, obscurément veinées, peu recourbées intérieurement, planes au sommet, d'un beau vert luisant ; bouton oblong, à écailles vertes ; fleur de 68 millim. de diamètre, semi-double, rouge-cerise n. 2, de la forme du C. *Florida,* mais moins double ; pétales du centre recoquillés et tourmentés ; pistils apparents. — *Superbe.*

262. C. *Triumphans.*

Feuilles de 68 millim. de large sur 108 de long, ovales-arrondies, peu acuminées, à nervures très-prononcées, un peu recoquillées vers le milieu, épaisses, assez semblables à celles du *Colvilii ;* bouton sphérique, déprimé au sommet, et aussi gros qu'une petite noix avant son épanouissement ; écailles calicinales, grandes, épaisses, arrondies, d'une couleur jaunâtre ; fleur de plus de 130 millimètres de diamètre, très-pleine, irrégulière, rouge-cerise n. 1 , nuancée graduellement d'un rose pur, dont l'intensité diminue de la circonférence au centre ; pétales grands, renversés à l'extrémité extérieure, imbriqués avec grâce, légèrement veinés de rouge et de rose : quelquefois les pétales du centre, qui sont petits, sont striés de blanc. — *Magnifique.*

263. C. *Tempest* (Har. Amér.)

Fleur très-large, de plus de 135 millim. de diamètre, simple, rouge-cerise n. 4 ; étamines nombreuses écartées avec régularité en divergeant du centre en cercles concentriques. — *Très-belle*.

264. C. *Vilmorgiana*.

Arbrisseau très-élancé, d'une végétation rapide ; feuilles allongées, de 5 centim. de large, sur 122 millim. de long, partagées inégalement par la nervure médiane, également dentées, horizontales, le sommet un peu recourbé, d'un vert foncé ; bouton de moyenne force, ovale-oblong ; écailles noires à la base et verdâtres au sommet ; fleur double, de 1 décim. de diamètre, rouge-cerise n. 1 ; pétales de la circonférence sur plusieurs rangs, tourmentés, en coupe, oblongs, échancrés, écartés de ceux du centre, qui sont petits, chiffonnés, en lanière, peu nombreux, entremêlés d'étamines souvent stériles ; corolle étoilée. — *Très-belle*.

265. C. *Virginica americana*. (Floy.)

Feuilles de 54 millim. de large sur 80 de long, oblongues, acuminées, épaisses, à fortes nervures, très-dentées, d'un vert très-obscur ; fleur de plus de 1 décim. de diamètre, double, d'un rouge-cerise clair n. 2 ; pétales larges, longs, bien imbriqués, nombreux, sur plusieurs rangs ; corolle dans le genre du C. *Novæboracensis*. — *Superbe*.

266. C. *Vandesia carnea*.

Feuilles de 52 millim. de large sur 85 de long, allongées, lancéolées, tourmentées, ressemblant beaucoup à celles du *Concinna*, recoquillées, sommet retourné, et d'un vert terne mélangé de jaunâtre ; bouton très-gros, allongé, obtus, à écailles verdâtres ; fleur de plus de 1 décim. de diamètre, pleine, couleur cerise pâle n. 1 , quelquefois rose tendre ; corolle en rosace arrondie et irrégulière ; pétales de la circonférence sur 3 ou 4 rangs, larges, arrondis, irrégulièrement imbriqués, échancrés et retournés au limbe avec grâce ; ceux de l'intérieur touffus, nombreux, serrés, allongés, étroits et formant un centre épais, large, informe et irrégulier, dans le genre du *Pulcherrima*. — *Magnifique*.

267. C. *Venustissima*.

Feuilles ovales-arrondies dans le genre de celles du C. *Masterii*, de 75 millim. de large sur 80 de long ; fleur grande, semi-double, rouge-cerise n. 2 , quelquefois striée de lignes blanches. — *Charmante*.

268. C. *Warrata striata*.

Feuilles lancéolées, de 54 millim. de large sur 108 de long, acuminées, à bords relevés et formant une sorte de cuiller, d'un vert luisant ; bouton très-gros, oblong, à écailles vert clair ; fleur large, irrégulière, d'un rouge-cerise n. 1, souvent pâle ou foncé et panaché de blanc ; pétales au nombre de 6, larges, échancrés profondément au sommet, repliés sur le calice et séparés de ceux du centre, qui sont tous composés d'étamines pétaloïdes, rouges, régulières, formant une boule. — *Fort jolie*.

269. C. *Woodsiana*.

Feuilles de 54 millim. de large sur 80 de long, lancéolées, acuminées, régulièrement et finement dentées ; bouton petit, à écailles vertes ; fleur moyenne, double, d'un rouge-cerise n. 2. — *Passable*.

270. C. *Washingtoniana*. (Floy.)

Feuilles de 54 millim. de large sur 80 de long, lancéolées, épaisses, très-acuminées, nervures apparentes, d'un vert foncé ; bouton ovale-arrondi, à écailles calicinales verdâtres ; fleur grande, pleine, régulière, de 8 centim. de diamètre , d'un beau rouge-cerise n. 4 ; pétales ronds, imbriqués régulièrement du centre à la circonférence ; corolle d'une forme extrêmement élégante. — *Magnifique.*

271. C. *Wallichii.*

Feuille de 5 centimètres de large sur 10 de long, ovales-oblongues, distantes, peu acuminées, nervures apparentes, dentées largement, vert très-foncé ; fleur pleine, ayant environ 9 centim. de diamètre, d'un rouge-cerise délicat, n. 2, à peu près comme le *Triumphans ;* pétales extérieurs sur trois rangs, larges et ronds, échancrés et imbriqués avec peu de régularité ; ceux de l'intérieur sont très-nombreux, de moyenne force, allongés, droits, peu rapprochés, tourmentés et inégaux ; corolle ronde et irrégulière. — *Superbe.*

272. C. *Youngii.*

Feuilles de 6 centim. de large sur 9 de long, oblongues, distantes, acuminées, horizontales, épaisses, nervures très-prononcées, dentées régulièrement et profondément, d'un vert foncé ; bouton gros, ovale-allongé, à écailles noirâtres à la base et blanchâtres au sommet ; fleur de près de 1 décim. de diamètre, pleine, rouge-cerise délicat n. 1, quelquefois rose foncé ; pétales extérieurs sur 3 ou 4 rangs, ovales-allongés, renversés, bien imbriqués, échancrés profondément et faits en gouttière à l'endroit de l'échancrure ; l'intérieur est composé d'un nombre borné de petits pétales, qui, par leur réunion, forment un petit centre déprimé à peu près dans le genre du *Chandlerii.* — *Très-belle.*

Unicolores.

ROUGE—CERISE FONCÉ.

—

Couleur dominante : Carmin mêlé avec plus ou moins de vermillon, comme dans les n°s 4, 5, 6 et 7 du tableau peint.

273. C. *Alexandriana.*

Feuilles de 75 mill. de large sur 95 de long, ovales-oblongues, lancéolées, canaliculées, réfléchies vers la terre, dents très-espacées, d'un vert très-foncé ; fleur grande, de 80 mill. de diamètre, double, rouge-cerise foncé n. 6, un peu violacée. — *Très-belle.*

274. C. *Althœœflora.*

Feuilles de 75 mill. de large sur 122 mill. de long, rapprochées, réfléchies, lancéolées, d'un vert assez clair et luisant ; bouton obtus, gros, à écailles calicinales rougeâtres ; fleur large, déprimée, double, d'un décimètre de diamètre, cerise foncé n. 6 ; pétales de la circonférence sur deux rangs, grands, renversés, séparés de ceux du centre qui sont nombreux, courts, dressés, veinés irrégulièrement, divisés en lanières et entremêlés d'étamines peu apparentes. — *Superbe.*

275. C. *Atroviolacea.*

Fleur grande, régulière, bien faite, rouge clair, ensuite foncé ; pétales extérieurs arrondis et acuminés ; ceux du centre plus étroits, allongés, contournés et aigus. — *Passable.*

276. C. *Anemone mutabilis.*

Feuilles de 60 mill. de large sur 86 mill. de long, lisses,

ovales-lancéolées , à nervures peu apparentes , d'un vert foncé ; bouton assez gros, oblong, à écailles verdâtres ; fleur de 100 mill. de diamètre , pleine , d'un rouge foncé n. 6 , tirant sur le pourpre, plus foncé que dans le C. *Corallina* ; pétales sur huit rangs , bien imbriqués , les extérieurs larges, les autres diminuant en largeur en raison de leur proximité du centre , tous échancrés au sommet, quelques-uns vergetés de blanc. — *Magnifique.*

277. C. *Anemone Warrata rosea.*

Feuilles de 108 mill. de long sur 80 de large , ovales, elliptiques, aiguës, mal nervées, luisantes et coriaces, à pointe courte ; fleur de plus de 95 mill. de diamètre, sphérique , d'un rouge-cerise, n. 4 , nuancée de rose pourpre ; pétales extérieurs grands , larges de 3 centim., à bord libre, entiers, un peu sinueux.

278. C. *Blackburniana.*

Feuilles de 54 mill. de large sur 108 de long, oblongues-lancéolées , distantes , dentées , ressemblant à celles du C. *Althæœflora*, d'un vert brunâtre ; bouton allongé, pointu, à écailles verdâtres ; fleur grande, de 100 mill. de diamètre, pleine , couleur rouge-cerise foncé n. 6 ; pétales extérieurs grands, renversés, détachés de ceux du centre, qui sont courts, rapprochés, serrés, formant un cœur relevé. — *Superbe.*

279. C. *Bruxelliensis.*

Beau feuillage ; tige branchue; port pyramidal ; arbrisseau très-vigoureux ; bouton à écailles noirâtres ; fleur semi-double , rouge , petite. — *Insignifiante.*

280. C. *Berlesiana fulgens.*

Arbrisseau à rameaux tortueux et grisâtres ; feuilles rapprochées , nombreuses , de grandeur ordinaire , ovales , un peu acuminées, à nervures peu apparentes, à peine dentées , assez semblables à celles du C. *Coccinea* ; bouton gros, allongé, à écailles vertes, s'épanouissant par degrés et avec grâce ; fleur grande, de 95 mill. de diamètre, double, couleur rose n. 4 ; pétales arrondis, relevés, disposés en vase, peu nombreux, entremêlés d'étamines peu apparentes. — *Très-jolie.*

281. C. *Bianchi.* (Cas.)

Bouton très-gros, rond, à écailles verdâtres ; fleur de presque un décim. de diamètre, pleine, globuleuse, d'un beau rouge - cerise foncé velouté n. 5 ; pétales extérieurs amples, arrondis, d'abord concaves, puis convexes : ceux du centre allongés, droits, irréguliers de forme et de grandeur. — *Très-belle.*

282. C. *Bostonia.* (Floy.)

Feuilles d'un vert foncé, de 54 mill. de large sur 80 de long, très-dentées, à fortes nervures ; bouton gros, ovale, pointu, à écailles moitié noirâtres et moitié verdâtres ; fleur de presque un décimètre de diamètre, double, d'un rouge cerise foncé n. 5 ; pétales extérieurs sur plusieurs rangs, imbriqués, arrondis, régulièrement rangés ; ceux du centre plus petits, droits, allongés, quelques organes sexuels apparents. — *Magnifique.*

283. C. *Concinna.*

Feuilles petites, de 48 mill. de large sur 68 mill. de long, épaisses, ovales-arrondies, à sommet très-aigu, à nervures très-saillantes, peu dentées et d'un vert foncé ; bouton assez gros, pyramidal, à écailles verdâtres ; fleur de plus de 98 mill. de diamètre, pleine, creusée au centre en entonnoir, rouge-cerise n. 4 ; pétales imbriqués avec grâce du centre à la circonférence, renversés et formant une rosace parfaite aplatie. — *Magnifique.*

284. C. *Coccinea.*

Arbrisseau pyramidal ; bois grisâtre ; feuilles moyennes,

rapprochées, ovales-arrondies, peu acuminées, planes, irré
gulièrement dentées; bouton assez gros, ovale, aigu, à écailles
verdâtres ; fleur axillaire, grande, régulière, double, d'un
rouge-cerise foncé n. 4 ; pétales de la circonférence imbriqués, quelquefois panachés de blanc ; ceux du centre petits,
chiffonnés et irrégulièrement disposés. — *Très-belle.*

285. C. *Clintonia.* (Fl.)

C'est une sous-variété du C. *Warrata*, fécondée par le
C. *Variegata* et obtenue de semence par M. Floy de *New-York.*
La fleur de ce Camellia n'a qu'un seul rang de grands pétales
extérieurs, qui sont fermes, épais, très-larges, d'un rouge-
cerise foncé n. 6 ; le centre de la fleur se compose de pétales
étroits, rayés de blanc et de rose, parmi lesquels se voient
quelques étamines et des rudiments de pistils semblables à
ceux du *Warrata.* — *Très-belle.*

286. C. *Corallina.*

Feuilles de 54 à 60 mill. de large sur 135 de long, lancéolées, acuminées, un peu renversées vers la tige, quelques-
unes assez largement dentées jusqu'à la moitié, ensuite presque entières vers leur sommet, d'un vert obscur ; bouton
gros, obtus, à écailles jaunâtres; fleur grande, de 90 mill.
de diamètre et souvent davantage, semi-double, rouge cerise foncé n. 6 ; pétales grands, larges, peu nombreux,
quelquefois panachés de blanc ; quelques étamines au centre.
Ce C. a donné de très-belles sous-variétés par ses graines. —
Superbe.

287. C. *Cruenta* ou *Clintonia.*
288. C. *Darck.* Voyez *Francofurtensis.*
289. *Duc d'Orléans.* (Berlèse.)

Feuilles diverses, les plus anciennes ont 54 mill. de large
sur 100 de long, ovales-arrondies, peu acuminées, épaisses,
réfléchies, le sommet retourné en dessous, nervures pro

fondes, d'un vert ordinaire ; bouton gros , obtus , solide , à écailles d'un vert jaunâtre ; fleur de presque un décimètre de diamètre, pleine, rouge-cerise carminé foncé n. 5 ; corolle irrégulière ronde, à cœur bombé, bien faite, composée d'une nombreuse quantité de pétales égaux en longueur, variés en largeur , les uns en cuiller , les autres en ovoïde , tous rapprochés, tourmentés, chiffonnés, réunis en une masse uniforme et compacte, entiers, bien imbriqués, et formant, par leur ensemble , un centre sphérique de 4 ou 5 paquets distincts , mais réunis et égaux : forme du *Colvilii* , obtenu de graines par M. Tamponet , 1838. — *Magnifique.*

290. C. *Dilecta.*

Feuilles de plus de 6 centim. de large sur plus d'un décim. de long, ovales-allongées, à sommet un peu retourné et aigu, lisses, horizontales, irrégulièrement dentées et d'un beau vert foncé ; bouton gros, à écailles calicinales verdâtres ; fleur de 9 centim. de diam. , double , rouge-cerise foncé n. 4 ; pétales extérieurs, larges de plus de 4 centim., ovales-arrondis, peu distinctement échancrés, largement et irrégulièrement imbriqués, peu nombreux ; ceux du milieu mal assortis et inégaux, formant un centre petit et irrégulier. — *Très-belle.*

291. C. *Dernii* ou *Augusta.*

Feuilles allongées , horizontales, profondément dentées ; bouton ovale, pointu, à écailles jaunâtres ; fleur pleine, de 8 centim. de diamètre, d'une belle forme, d'un rouge-cerise foncé, n. 4, cramoisi vif ; pétales extérieurs sur deux rangs, larges, aplatis, contournés avec grâce, renversés et échancrés ; ceux du milieu, formant une boule aplatie, sont nombreux et réunis par groupes irréguliers. — *Très-belle.*

292. C. *Egertonia.*

Feuilles oblongues , acuminées , de 41 mill. de large sur

95 millimètres de long, obscurément veinées, la pointe inclinée vers la terre, planes, d'un vert foncé luisant ; bouton allongé, à écailles noirâtres à leur bord, verdâtres au milieu et blanches au sommet ; fleur de 75 millimètres de diamètre, pleine, rouge-cerise foncé n. 5 ; pétales extérieurs disposés sur trois rangs, larges, renversés, très-échancrés au sommet ; ceux du centre plus petits, inégaux, séparés des premiers, déchiquetés en lanières, tourmentés, courts et serrés, formant un centre évasé, enveloppé par quelques pétales plus réguliers. — *Très-belle.*

293. C. *Elphinstonia.*

Feuilles de 70 mill. de large sur 100 mill. de long, ovales-arrondies, peu dentées ; bouton gros, à écailles d'un vert noirâtre ; fleur grande, rouge-cerise n. 5, presque ponceau, nuancé de carmin, quelquefois panachée de blanc, de 9 centim. de diamètre, à cœur déprimé ; pétales extérieurs assez larges, bien disposés en coupe et échancrés au sommet ; ceux du centre petits, nombreux, roulés en cornet, groupés et formant une corolle ronde un peu renversée. — *Très-belle.*

294. C. *Epsomiana.*

Feuilles de 7 cent. de large sur 9 de long, arrondies, peu aiguës, très-nervées, inégalement dentées, surface raboteuse, horizontales, d'un vert terne ; bouton gros, à écailles verdâtres ; fleur de plus de 8 centim. de diamètre, pleine, d'un beau rouge-cerise pourpre n. 6, teinte sanguine ; pétales extérieurs sur quatre rangs, larges, arrondis, entiers, bien imbriqués, quelques-uns veinés d'un rouge plus foncé que le fond ; ceux de l'intérieur de grandeur inégale, serrés, en touffe, ramassés, nombreux, formant un centre assez large, relevé comme dans les *Pomponia.* — *Très-belle.*

295. C. *Exquisita,* voy. *Fimbriata rubra.*

295 *bis.* C. *Fimbriata rubra.* (Moëns.)

Feuilles ovales-arrondies, quelques-unes allongées, d'un

beau vert obscur; bouton ovale-acuminé, gros, à écailles verdâtres; fleur de 9 centimètres de diamètre, double, rouge-cerise foncé n. 6; pétales extérieurs sur 5 rangs, larges, bien étalés, et formant par leur réunion cinq angles bien distincts; ceux du centre sont petits, séparés de ceux de la circonférence, longs et couchés les uns sur les autres, ovoïdaux, chiffonnés, les uns droits, les autres renversés.— *Superbe*.

296. C. *Francofurtensis* ou *Wellingtoniana*. (Kin.)

Arbrisseau élancé, d'une végétation rapide; feuilles épaisses, horizontales, les unes ovales-oblongues, lancéolées, les autres ovales-arrondies, réclinées, sommet recourbé; bouton gros, ovale-pointu, à écailles jaunâtres; fleur de presque un décimètre de diamètre, pleine, couleur rouge foncé, qui passe au rose; pétales sur 6 rangs, larges, bien imbriqués, échancrés; corolle bien faite, en rosace étalée et régulière. Cette fleur présente d'abord une couleur rouge foncé dans les premiers rangs des pétales; elle change ensuite en rouge clair, à mesure qu'elle se développe, et devient plus tard presque rose. — *Magnifique*.

297. C. *Flammeola superba*.

Feuilles ovales-arrondies, acuminées dans la forme de celles du C. *Elphinstonia;* bouton ovale-oblong, à écailles noirâtres; fleur de 8 centimètres de diamètre, double, rouge-cerise foncé, presque pourpre n. 6; pétales régulièrement disposés, les uns à limbe arrondi, les autres profondément échancrés; ceux du centre légèrement acuminés, tous bien imbriqués et dressés. Cette variété diffère très-peu du C. *Elphinstonia*.

298. C. *Flammea*.

Feuilles étroites, allongées; fleur petite, rouge-cerise foncé n. 5, à pétales un peu pointus. — *Insignifiante*.

299. C. *Fulgida*.

Feuilles de 56 millim. de large sur 90 millim. de long, ovales-arrondies, peu acuminées, réfléchies, à nervures profondes, d'un vert très-foncé; bouton gros, un peu allongé, à écailles vertes; fleur grande, de 95 millim. de diamètre, simple, cerise foncé n. 6; pétales au nombre de 6, larges, un peu en coquille, rappelant ceux du C. *Spatulata*.

300. C. *Fulgens*.

Feuilles et port du C. *Elegans* simple; fleur rouge-cerise n. 4, simple; étamines comme dans le C. *Aitonia*; porte graine. Il existe une variété qui porte le même nom, et dont la fleur est double, grande et très-belle.

301. C. *Gloria belgica*.

Feuilles belles, luisantes, finement dentées; fleur grande, simple, rouge-cerise n. 4, semblable à celle du C. *Papaveracea*.

302. C. *Graya vera*.

Feuilles de 54 millim. de large sur 85 de long, horizontales, presque lisses, épaisses, le sommet un peu recourbé, d'un vert foncé; bouton un peu pointu, à écailles vertes; fleur de 95 millim. de diamètre, pleine, à cœur déprimé, rouge-cerise n. 5, quelquefois moins foncée; pétales extérieurs sur 4 rangs, un peu en ovoïde, échancrés, pas très-larges, renversés; ceux de l'intérieur petits, étroits, en lanière, espacés les uns des autres: au centre 3 ou 4 étamines sans anthère. — *Superbe*.

303. C. *Gubernativa*. (Mar.

Feuilles larges, ovales-allongées, nombreuses, d'un vert foncé; bouton gros, à écailles jaunâtres; fleur de 135 millim.

de diamètre, pleine, d'un rouge-cerise n. 5, laque carminée; corolle en rosace, aplatie, dans la forme d'un Dahlia; pétales très-imbriqués régulièrement du centre à la circonférence, larges de plus de 27 millim. au limbe, très-échancrés au sommet, renversés avec grâce les uns sur les autres; ceux du centre, au nombre de 2 ou 3, sont un peu chiffonnés et retournés. — *Magnifique.*

304. C. *Griffinii plena.*

Nous avons, sous ce nom, une plante d'une apparence magnifique, dont les feuilles sont de 68 millim. de large sur 112 de long, allongées, lancéolées, très-rapprochées, épaisses, pleines, très-luisantes, un peu réfléchies, légèrement dentées, d'un vert très-sombre; boutons très-gros, nombreux, 3 ou 4 ensemble à l'extrémité des branches, écailles jaunâtres; fleur de plus de 9 centimètres de diamètre, pleine, rouge-cerise carminé foncé n. 4; pétales extérieurs sur 3 ou 4 rangs, de moyenne grandeur, d'une forme oblongue, échancrés et festonnés au limbe, retournés avec grâce et irrégulièrement imbriqués; ceux du centre sont nombreux, en paquet, et plus petits que les premiers, mais de la même forme : quelquefois on trouve au centre 3 ou 4 petits pétales blanchâtres, courts, réunis. — *Très-belle.*

305. C. *Heugmaniana.*

Feuilles assez grandes, lisses, de 60 millim. de large sur 85 millim. de long, oblongues, très-acuminées, fortement nervées, très-dentées, réfléchies, recoquillées, d'un vert mat; bouton médiocrement gros, obtus, à écailles vertes; fleur de 80 millim. de diamètre, double, rouge-cerise n. 4, sphérique, bien faite, à pétales imbriqués, régulièrement relevés, assez grands; ceux du centre petits, un peu tourmentés; quelques étamines. — *Très-jolie.*

306. C. *Hosackia.* (Floy. Amér.)

Arbrisseau un peu grêle, à rameaux diffus et rapprochés;

feuilles de 41 millim. de large sur plus de 81 millim. de long,
très-lancéolées, très-acuminées et recourbées au sommet,
minces, très-rapprochées, finement nervées et régulièrement
dentées, nombreuses, et d'un vert foncé ; bouton oblong et
obtus, à écailles verdâtres ; fleur d'environ 108 millim. de
diamètre, double, rouge-cerise foncé n. 5, plus ou moins
intense, selon la saison et la force de l'individu ; pétales de la
circonférence sur plusieurs rangs, larges, oblongs, échancrés,
bien imbriqués régulièrement ; ceux du milieu sont très-nombreux, petits, allongés, presque tous égaux en dimension, et
formant un centre semblable à celui de l'*Elegans Chandlerii* ;
même corolle, même forme, même dimension. — *Superbe.*

307. C. *Hexangularis monstruosa.*

Feuilles de grandeur moyenne, ovales-arrondies, peu
acuminées, obtusément dentées et d'un vert ordinaire ; fleur
de 80 millim. de diamètre, bien faite, double, d'un rouge-
cerise n. 4. — *Superbe.*

Il existe un ancien *Hexangularis* dont la feuille est petite,
ainsi que la fleur, qui est de couleur rose tendre et à pétales
nombreux, partagés visiblement en plusieurs ondulations
anguleuses et réfléchies en dedans. — *Passable.*

308. C. *Insignis purpurea.*

Feuilles grandes, ovales-lancéolées, réfléchies, d'un vert
noirâtre ; bouton allongé, gros, à écailles noirâtres ; fleur
grande, rouge-cerise très-foncé n. 7, simple, avec quelques
étamines avortées ou transformées en pétales rudimentaires
au centre.

309. C. *Ignea* ou *Ignivoma.* (Cachet.)

Feuilles de deux sortes : les plus anciennes ont 68 millim.
de large sur 95 de long, ovales, presque rondes, recourbées
au sommet, horizontales, épaisses, d'un vert très-foncé ;
bouton gros, oblong, obtus, à écailles verdâtres : la fleur

est de 108 millim. de diamètre, double, et d'un beau rouge-cerise foncé n. 5 ; laque carminée, mêlée avec du vermillon plus ou moins intense ; corolle irrégulière ; les pétales ne sont pas nombreux ni bien disposés, mais larges, longs ; les uns dressés et en cuiller, les autres couchés et planes, presque tous échancrés ; ceux du centre sont plus petits, droits, par paquets, entremêlés d'étamines courtes et fertiles. — *Superbe*.

310. C. *Impératrice du Brésil*.

Arbrisseau vigoureux, beau feuillage, fort élégant et d'une végétation facile ; bouton allongé, très-acuminé, à écailles verdâtres ; fleur grande, simple, rouge-cerise n. 4. Il ne faut pas confondre ce C. avec celui nommé *Imperatrix :* ce dernier est double et très-beau.

311. C. *Johnsonii*.

Arbuste vigoureux, mais peu rameux ; feuilles larges, d'un vert foncé et souvent tachées de points jaunes ; bouton gros, épais et à écailles verdâtres ; fleur semi-double, grande, d'un rouge-cerise foncé n. 4, cramoisi plus ou moins foncé ; pétales extérieurs les uns larges, les autres pointus, peu nombreux ; ceux du milieu lancéolés, plus petits que les premiers, formés en spirales et entremêlés d'étamines fertiles. — *Très-jolie*.

312. C. *Knightii*.

Arbrisseau d'un beau port ; feuilles ovales-arrondies, finement dentées, très-luisantes, presque planes et d'un vert clair ; bouton gros, sphérique, à écailles calicinales noirâtres ; fleur grande, simple, d'un beau rouge-cerise n. 4 ; pétales larges, au nombre de 7 ; beaucoup d'étamines rangées en faisceaux, dont quelques-unes à l'état pétaloïde rudimentaire ; porte graine. — *Passable*.

313. C. *Kermesina.*

Feuilles de 60 millim. de large sur 95 millim. de long ,
ovales-arrondies , à fortes nervures, d'un vert très-foncé;
bouton allongé, à écailles vertes; fleur de 81 millim. de
diamètre, rouge-cerise n. 5, double, à pétales ronds, dressés,
spatulés, semblables à ceux du C. *Rubricaulis ;* quelques
étamines au centre. — *Très-jolie.*

314. C. *Lombardii.*

Fleur grande, large, bien faite, de plus de 9 centimètres
de diamètre, pleine, rouge-cerise clair n. 1, tirant sur le
rose, avec quelques lignes ou stries blanches ; pétales d'une
forme allongée, en cuiller, échancrés au sommet, bien disposés et régulièrement imbriqués de la circonférence au
centre, comme l'*Imbricata rubra.* — *Magnifique.*

315. C. *Lucida.*

Feuilles de 54 millim. de large sur 81 de long, ovales-
oblongues, peu acuminées, luisantes, planes, horizontales ,
les anciennes à sommet aigu , les autres obtuses, peu dentées
et d'un vert obscur ; bouton de grosseur moyenne , à écailles
noirâtres ; fleur double, assez grande, régulière, d'un rouge-
orangé foncé , tirant sur le carmin n. 5; quelques pétales
du centre difformes. — *Très-belle.*

316. C. *Lehmani* ou *Ardens.*

Feuilles dans le genre de celles du C. *Coccinea*; bouton
moyen, à écailles jaunâtres ; fleur de 68 millim. de diamètre ,
quelquefois de 80 millim. , double, rouge-cerise foncé n. 5,
souvent plus claire; pétales extérieurs peu nombreux , assez
bien imbriqués, ceux du centre entortillés et entremêlés
d'étamines courtes et fertiles. — *Passable.*

317. C. *Laciniata*. (Mar.)

Feuilles de 54 millim. de large sur 95 millim. de long ,
lancéolées, horizontales, recourbées au sommet, profondément nervées, régulièrement dentées dans toute leur longueur ; bouton ovale-oblong, de moyenne force , à écailles
verdâtres ; fleur de plus de 95 millim. de diamètre, double ,
rouge cerise n. 6 ; pétales extérieurs ovales, obtus, allongés,
peu nombreux, fortement échancrés, en cuiller, écartés,
étalés horizontalement ; ceux du centre sont en faisceau, en
petit nombre, d'inégale dimension, les uns droits, les autres
couchés, et forment un milieu élevé, irrégulier, renfermant
quelques étamines. — *Très-jolie.*

318. C. *Lanzeseuriana.* (Lanz.)

Arbrisseau vigoureux, d'une culture facile, droit et bien
fait ; feuilles de 60 millim. de large sur 95 millim. de long ,
ovales-allongées, très-acuminées horizontalement, un peu
raboteuses à leur surface supérieure, à veines saillantes ;
bouton ovale-allongé, à écailles verdâtres ; fleur de plus de
81 millim. de diamètre, double, d'un rouge-cerise n. 4 ;
pétales de la circonférence peu nombreux, mais larges, et
arrondis au sommet, entiers, plus foncés au limbe qu'à
l'onglet ; ceux du centre sont très-longs, et moitié moins
larges que les autres, les uns en cornet, les autres en lanière,
serrés, quelques filets dépourvus d'anthères. C'est une variété
florifère et belle. — *Très-jolie.*

319. C. *Lady Eleonora Campbell.*

Arbrisseau d'un joli port, élégant , élancé ; feuillage de
moyenne force et d'un vert obscur ; bouton gros , oblong, à
écailles jaunâtres ; fleur pleine, de 9 centimètres de diamètre,
d'un rouge-cerise foncé n. 7 ; pétales extérieurs ovales-
allongés, larges, échancrés profondément au sommet, nom-

breux et assez bien imbriqués ; ceux de l'intérieur sont plus petits, difformes, mais disposés avec grâce. — *Superbe.*

320. C. *Madame Adélaïde de France.* (Berl.)

Arbrisseau pyramidal ; feuilles ressemblant à celles du C. blanc double, un peu plus aiguës et plus dentées à l'extrémité, d'un vert foncé ; bouton très-gros ressemblant à celui du C. *Aitonia ;* fleur très-grande, large, arrondie, double, d'un beau rouge-cerise n. 5 ; pétales arrondis, bien imbriqués, quelques-uns au centre légèrement tourmentés ; ceux de la circonférence disposés horizontalement et ceux du centre dressés. — *Superbe.* Dédié à Madame, Adélaïde de France, sœur du roi, par M. Tamponet, et l'auteur, l'abbé Berlèse.

321. C. *Milleri.*

Feuilles de 60 millim. de large sur 110 millim. de long, oblongues, à peine veinées, lisses, très-finement dentées, d'un vert clair comme dans le C. *Speciosa vera ;* bouton fort gros, obtus, à écailles verdâtres ; fleur grande, de 130 mill. de diamètre, pleine, rouge-cerise n. 4 ; pétales extérieurs larges, peu nombreux, renversés, quelques-uns recoquillés, doublement échancrés au sommet ; ceux de l'intérieur de différente grandeur, les uns assez grands, les autres petits, découpés en lanière comme dans le *Speciosa vera.* — *Magnifique.*

322. C. *Minuta.*

Arbrisseau vigoureux ; feuilles de 80 millim. de longueur, presque orbiculaires, un peu atténuées à la base et au sommet, très-luisantes et veinées ; fleur de 80 millim. de diamètre, d'un rouge-cerise foncé n. 4, disposée en rose parfaite, régulière ; pétales imbriqués, émarginés au milieu, un peu cordiformes ; ceux du centre assez réguliers, d'un rouge vif uniforme. — *Superbe.*

323. C. *Myrtifolia* ou *involuta*.

Feuilles plus petites que dans les autres variétés, de 41 mill. de large sur 54 mill. de long, ovales, un peu lancéolées, d'un vert terne; bouton de grosseur médiocre, ovoïde, aigu, d'un vert jaunâtre; fleur grande, pleine, bien faite, d'un beau rouge-amarante foncé, pour les pétales extérieurs, et d'un rose pâle pour ceux qui approchent du centre; pétales larges, bien imbriqués, nombreux. Les fleurs de cette variété émettent une odeur agréable lorsqu'elles sont frappées par les rayons solaires. — *Magnifique.*

324. C. *Myrtifolia grandiflora*.

Arbrisseau d'une végétation assez lente et s'élevant peu, à rameaux d'un vert grisâtre, grêles et divergents; feuilles longues de 54 millim., un peu contournées en nacelle et profondément dentées; d'un vert foncé et luisant; fleur très-double, de 103 millim. de diamètre, d'un rouge cerise n. 5, nuancé et veiné de carmin; pétales très-amples, arrondis, bordés de rose pâle; corolle régulière et se rapprochant beaucoup de la forme d'une rose cent-feuilles; comme cette dernière, elle est un peu évasée et forme la coupe au milieu; fleurit très-tard. — *Superbe.*

325. C. *Myrtifolia pendula*. (Pir.)

Bois gris, rameaux nombreux et très-flexibles; feuillage moyen, étroit et allongé, vert foncé et vernissé, sommet aigu et souvent recourbé; fleurs pleines, très-nombreuses, pétales à limbes arrondis, et ceux du milieu et du centre à limbes aigus, tous parfaitement imbriqués; coloris carmin sur les bords extérieurs, rose tendre au milieu et carné au centre; diamètre de 54 à 64 millimètres. Cette belle variété, très-multiflore, se distingue encore particulièrement par la grâce de ses branches inclinées, ou plutôt bien arquées, et toutes se terminant par plusieurs fleurs et boutons.

N. B. Nous avons emprunté cette description du savant botaniste M. Pirolle, auteur du journal l'*Horticulteur*, connu de tous les amateurs de Flore ; mais nous prions nos lecteurs de remarquer que cette variété, décrite par M. Pirolle, n'est autre chose que le *Myrtifolia* ancien, qui a la propriété d'étendre et d'incliner ses rameaux. Sa fleur est *odoriférante*.

326. C. *Moreana.*

Arbrisseau très-bien fait, d'une végétation assez lente et à feuillage de moyenne force ; bouton petit, arrondi, à écailles noirâtres ; fleur petite, double, rouge-cerise n. 5 ; forme, dimension et disposition des pétales du *C. Compacta alba.* — *Passable.*

327. C. *Masterii.*

Feuilles arrondies et acuminées, d'un vert très-foncé ; bouton allongé, à écailles calicinales rougeâtres ; fleur grande, de 95 millim. de diamètre, pleine, bien faite, d'un rouge-cerise foncé n. 5, ou cramoisi foncé ; pétales de la circonférence oblongs, cordiformes, convexes et recourbés ; ceux du centre moins grands, taillés en lanière, peu nombreux et quelquefois marqués de blanc. — *Très-belle.*

328. C. *Nebulosa.* (Cas.)

Fleur de 80 millim. de diamètre, double, rouge-cerise foncé n. 5 ; pétales extérieurs peu nombreux, ovales, arrondis, de moyenne force, inégaux, ondulés ; ceux de l'intérieur plus petits, irréguliers, inégaux ; corolle à cœur déprimé. — *Passable.*

329. C. *Papaveracea.*

Feuilles de grandeur ordinaire, ovales, rétrécies au sommet, à nervures saillantes, d'un vert pâle souvent nuancé de jaunâtre ; fleur simple, de 100 millim. de diamètre, rouge-cerise n. 4 ; pétales au nombre de 5 ou 7, larges, bien placés ; beaucoup d'étamines courtes, serrées; styles très-longs ; porte graine. — *Superbe.*

330. C. *Parksii vera.*

Feuilles de 68 millim. de large sur 90 millim. de long, presque planes, ovales-arrondies, peu acuminées, légèrement dentées, lisses, d'un vert clair, ressemblant un peu à celles du *C. Speciosa vera ;* bouton gros, oblong, déprimé au sommet, à écailles noirâtres ; fleur grande, de 108 millim. de diamètre, pleine, d'un rouge-cerise n. 6; pétales de la circonférence sur 2 rangs, larges, canaliculés, les uns renversés, serrés, les autres droits et mêlés à ceux de l'intérieur, qui sont petits, épais, formant une sphère irrégulière, comme dans le *C. Milleri* ou le *Speciosa vera,* dont cette variété a la forme et les dimensions. — *Magnifique.*

331. C. *Palmer's carnéa.*

Arbrisseau robuste, d'un beau port ; feuilles allongées, nombreuses, surface inégale, très-variées et bien dentées. bouton gros, allongé, acuminé, à écailles jaunâtres ; fleur de presque un décimètre de diam., double, d'un rouge-cerise plus ou moins clair ; pétales peu nombreux, larges, écartés, distants, étalés avec grâce et formant une corolle bien faite. — *Superbe.*

332. C. *Perfecta,* voy. *Alexandreana.* (Cach.)
333. C. *Præcellentissima.*

Feuilles de 54 millim. de large sur 60 de long, elliptiques, légèrement acuminées, à nervures très-apparentes, presque invisiblement dentées, à sommet réfléchi inférieurement ; bouton oblong, à écailles d'un vert jaunâtre ; fleur de 90 millim. de diamètre et souvent davantage, double, rouge-cerise n. 5, ayant un peu la teinte de celle du *C. Rivinii ;* pétales de la circonférence au nombre de 6, oblongs, renversés sur ie calice, écartés les uns des autres, en forme d'étoile et échancrés au sommet ; ceux de l'intérieur nombreux, courts, également disposés, et formant une boule, comme dans le C. *Warrata* ordinaire ; au milieu, on entrevoit les styles, qui sont très-longs. — *Très-belle.*

334. C. *Pictorum coccinea.*

Feuilles grandes, horizontales et creusées en gouttière, d'un vert foncé, très-peu dentées ; bouton gros, à écailles verdâtres ; fleur grande, de plus de 90 millim. de diamètre et souvent même de 108 millim., pleine, régulière, de couleur-cerise n. 4 ; pétales larges, bien détachés et imbriqués avec grâce. — *Superbe.*

335. C. *Princeps-Sedling.*

Feuilles de 48 millim. de large sur 81 de long, ovales, acuminées, réfléchies, roulées sur elles-mêmes en dessous, le sommet recourbé, finement dentées, à nervures apparentes, nombreuses, rapprochées, réclinées, d'un vert obscur ; bouton ovale, oblong, pointu, à écailles noirâtres ; fleur de 81 millim. de diamètre, double, rouge-cerise, n. 5 ; pétales sur 4 rangs, largement imbriqués, peu échancrés, marbrés de blanc ; ceux de l'intérieur chiffonnés, petits, irréguliers, peu nombreux et formant un centre à peu près dans le genre du *Rex Bataviæ.* — *Très-jolie.*

336. C. *Rachel Ruys.* (Moens.)

Feuilles de 68 millim. de large sur 95 de long, ovales-allongées, acuminées, horizontales, la pointe un peu recourbée, nombreuses, lisses, d'un vert très-foncé ; bouton arrondi, gros et à écailles vertes ; fleur en tête des rameaux de plus de 8 centimètres de diamètre, double, d'un rouge foncé, n. 6 ; pétales au nombre de 20 à 25, presque tous d'égale dimension, larges, presque ronds, bien imbriqués, les premiers renversés, les autres droits, en cuiller, formant la coupe, tous profondément échancrés ; le limbe est d'un pourpre plus foncé que l'onglet, qui est d'une teinte plus claire. — *Superbe*.

337. C. *Regalis*.

Bouton gros, allongé, acuminé, à écailles verdâtres ; fleur de plus de 9 centimètres de diam., double, rouge-cerise carmin brillant n. 4 ; pétales peu nombreux, larges et longs, un peu en cuiller, étalés avec régularité, tantôt renversés sur le calice, tantôt droits et formant une corolle évasée dans le genre du *Corallina*. — *Superbe*.

338. C. *Rubra simplex* ou *Japonica*.

Type d'où dérivent toutes nos variétés. *Voyez* sa description en tête de la monographie, page 1.

339. C. *Rubra plena*.

Arbrisseau qui a besoin de la taille pour conserver un port gracieux et pour fleurir abondamment ; rameaux grisâtres, nombreux, tendant à s'élancer ; feuilles ovales-lancéolées ou arrondies, recoquillées, réclinées, roulées souvent dans tous les sens, d'un vert foncé ; bouton gros, oblong, obtus, à écailles noirâtres ; fleur grande, de 90 millim. de diamètre, pleine, d'un rouge-cerise n. 5 ; pétales de la circonférence larges, renversés ; ceux de l'intérieur plus petits, étroits, allongés, nombreux, chiffonnés et disposés irrégulièrement ; porte graine.

Il existe une sous-variété de ce Camellia connue dans le commerce sous le nom de *Rubra maxima*, arbrisseau plus rustique ; sa fleur plus grande et son port plus régulier ; mais l'une et l'autre de ces deux variétés gardent difficilement leurs boutons. Cependant, si on les entretient avec soin dans une atmosphère tempérée continue depuis la fin de l'automne jusqu'au moment de la floraison, ils fleurissent très-bien en décembre. — *Superbe*.

340. C. *Rex Bataviæ*.

Feuilles de 54 millim. de large sur 90 de long, un peu
recourbées à l'extrémité, à nervures très-prononcées, souvent
panachées d'un jaune pâle; bouton gros, à écailles verdâtres;
fleur grande, de 90 millim. de diam., double, régulière,
couleur cerise n. 6, de plus en plus foncée à mesure qu'elle
se développe; pétales peu nombreux, larges, arrondis au
sommet, creusés en gouttière et un peu recourbés en arrière;
quelques étamines au centre et anthères d'un jaune très-brillant. — *Très-belle.*

341. C. *Rossi*.

Feuilles grandes, ovales-lancéolées, recoquillées, renversées vers les tiges, très-dentées, d'un vert mat; bouton à
écailles vertes; fleur double, de 80 millim. de diam., d'un
beau rouge-cerise n. 4, quelquefois panachée. — *Très-belle.*

342. C. *Rossiana superba*.

Rameaux vigoureux et allongés; feuilles amples, assez
profondément dentées, à nervures épaisses et bien apparentes; fleur de 100 millim. de diam., d'un rouge-cerise foncé
n. 4, double et *superbe.*

343. C. *Roscii* ou *Rawsiana*.
Voyez ce dernier.

344. C. *Rawsiana* ou *Roscii*.

Feuilles de 68 millim. de large sur 95 de long, oblongues, horizontales, un peu roulées en dessus, recourbées en
dessous au sommet, très-finement dentées, d'un vert clair;
bouton gros, à écailles noirâtres; fleur de 100 millim. de
diam., pleine, rouge-cerise foncé n. 4, forme bombée et
chiffonnée; pétales de la circonférence peu nombreux, mais
larges, tourmentés et épais; ceux de l'intérieur très-nombreux, assez grands, serrés entre eux, inégaux, couchés ou

droits, quelques-uns marqués d'une tache blanche. — *Superbe*.

345. *Sophie* (*belle*).

Fleur magnifique d'un rouge-cerise brillant n. 4, bien faite, régulière, de plus de 11 centim. de diam. et pleine ; pétales extérieurs sur 4 rangs, larges de 4 1/2 centim. sur plus de 5 de long, ovales, presque ronds, échancrés, horizontalement placés, renversés légèrement au limbe et imbriqués régulièrement, mais largement ; ceux de l'intérieur sont petits, allongés, droits ou courbés, et forment un petit cœur central de 3 centim. de large ; corolle ronde, parfaite et dans le genre du *Florida*. Cette belle plante vient d'Allemagne ; M. Cachet, d'Angers, qui l'a introduite en France l'an dernier, a eu la complaisance de nous en envoyer une fleur qui nous est arrivée dans un état assez parfait pour pouvoir la juger et la décrire.

346. C. *Sylvestris*, espèce. (Siébold.)

Depuis l'impression de la première édition de cet ouvrage, nous eûmes l'occasion de faire la connaissance du célèbre horticulteur M. Donklari père, directeur du jardin botanique de Gand. Parmi les bons renseignements qu'il nous donna sur les progrès de son établissement horticole, M. Donklari nous montra le *Camellia sauvage* que M. de Siébold découvrit au Japon lors de son dernier voyage. Voici à peu près sa description.

Le Camellia sauvage se trouve sur les hautes montagnes du Japon, dans les forêts les plus élevées et les plus reculées du pays ; là c'est un arbre de haute futaie, d'environ 35 à 40 mètres d'élévation, garni de fortes et larges branches latérales, s'élevant majestueusement dans les airs avec un port magnifique, et dominant en géant tous les autres arbres qui l'environnent. Son bois est, extérieurement, noirâtre ; ses rameaux rapprochés, anguleux et divergents ; son feuillage est plus large, plus arrondi et plus compacte que celui des autres espèces connues; sa fleur est rouge, simple, petite; son fruit, très-mince, est contenu dans une capsule épaisse, noirâtre et velue.

Ce Camellia, d'après l'avis du savant M. de Siébold, serait le véritable type sauvage de tous les Camellia japonais cultivés depuis. Ses fruits, semés naturellement ou artificiellement par les jardiniers du pays, auraient d'abord produit celui à fleurs simples, introduit en Europe par le père Camelli, en 1739, et nommé plus tard *Camellia Japonica;* ensuite on aurait abandonné le sauvage pour cultiver ses progénitures améliorées. Tous ces renseignements nous paraissent précieux, et nous les admettons sans aucune restriction.

Ceux qui connaissent l'histoire du Dahlia et du Chrysanthème, parmi nous, trouveront des faits analogues pour croire à la possibilité de celui que nous venons de rapporter.

347. C. *Sanguinea.*

Feuilles de dimension moyenne, forme et couleur de celles du *C. Aitonia;* bouton oblong-pointu, à écailles vertes; fleur de 108 millim. de diamètre, simple, rouge-cerise n. 5, quelquefois couleur de sang; étamines nombreuses, à anthères petites; styles longs, dépassant d'un tiers la longueur des étamines; porte graine. — *Belle.*

348. C. *Sinica.*

Feuilles de 50 millim. de large sur 81 de long, allongées, lancéolées, renversées, ou mieux, roulées sur elles-mêmes en dessous, le sommet formant une demi-lune avec le point d'insertion, peu nombreuses, panachées, presque sans dentelure, d'un vert ordinaire; bouton gros, obtus, à écailles verdâtres; fleur de 95 millim. de diam., pleine, d'un rouge-cerise foncé n. 4; pétales extérieurs sur 4 ou 5 rangs, bien imbriqués, ovales-arrondis, très-échancrés et comme festonnés au sommet; ceux de l'extérieur longs, étroits, ovoïdes, rapprochés en masse, formant un cœur saillant de 27 millim. de diam., séparés de ceux de la circonférence, et plusieurs ayant un petit point blanc au sommet. — *Superbe.*

349. C. *Soulangiana.* (Cas.)

Arbrisseau assez rustique et d'un port assez gracieux ; feuilles larges, ovales-allongées et d'un vert obscur ; bouton gros, obtus, à écailles verdâtres ; fleur d'environ 108 millim., simple, d'un rouge carmin pur très-éclatant ; corolle composée de 8 ou 9 pétales, larges, presque ronds, échancrés et veinés, d'un rouge plus foncé que le fond. L'intérieur de cette fleur est un faisceau d'étamines avortées, les unes pétaloïdes, les autres sont des filets sans anthères ; au centre seulement, il y en a quelques-unes de fertiles.

Cette fleur n'est d'aucune apparence, nous conseillons même les amateurs de la réformer ; mais nous profitons seulement de l'occasion pour leur faire connaître que le mérite de cette fleur consiste dans le nom illustre qu'elle porte. A l'époque où elle mérita cette distinction, les Camellia nouveaux étaient encore rares, et on les appréciait sous toutes les formes sous lesquelles ils se présentaient. Aujourd'hui que la culture a fait des progrès immenses et que l'art a déployé à ce sujet toute sorte de magnificence, nous invitons les horticulteurs qui s'occupent de semis de Camellia à vouloir bien rendre hommage à l'homme qui a tant mérité de l'horticulture, en lui consacrant un des plus beaux gains qu'ils obtiendront de leur semis, en le nommant *Soulangiana plena.*

350. C. *Simsii plena.*

Arbrisseau très-vigoureux, beau port, rameaux diffus ; feuilles à peu près dans le genre de celles du *Derbyana ;* bouton gros, allongé, à écailles verdâtres ; fleur d'environ 9 centim. de diam., pleine, rouge-cerise foncé n. 5, quelquefois plus claire ; pétales extérieurs très-larges, peu nombreux, bien imbriqués et étalés avec grâce ; ceux de l'intérieur, qui sont plus petits, allongés, serrés, nombreux, forment par leur ensemble un centre évasé irrégulier. — *Ressemble au Derbyana.*

351. C. *Staminea plena.*

Nous avons comparé, plusieurs années de suite, cette plante avec le C. *Rawsiana* et le *Roscii*, et nous avons toujours trouvé entre ces variétés si peu de différence, que nous pensons qu'elles n'en font qu'une.

352. C. *Superbissima.* (Sacco.)

Feuilles de 54 mill. de large sur 80 de long ; bouton obtus, à écailles verdâtres ; fleur de la plus grande dimension, double, d'un rouge-cerise n. 4, souvent nuancé de rose ; pétales disposés irrégulièrement, mais avec grâce. Cette variété a été obtenue de graines par M. Sacco de Milan. Il prétend que la plante mère lui a donné des fleurs de 201 millim. de diamètre. La nôtre nous a donné, cette année, une fleur qui avait 149 mill. de diamètre, mais semi-double.

353. C. *Sparmanniana.*

Feuilles de 68 mill. de large sur 90 mill. de long, ovales-arrondies, très-peu acuminées, à nervures profondes, d'un vert semblable à celui du C. *Welbancksiana* ; bouton grand, à écailles vertes ; fleur de 81 mill. de diamètre, double, rouge-cerise n. 6 ; pétales extérieurs ronds, renversés ; d'autres droits, écartés, à forme et dimension de ceux de la fleur du C. *Rex Bataviæ.* — *Très-belle.*

354. C. *Splendens vera.*

Nous possédons deux variétés de C. *Splendens :* la première, à fleur simple, n'est d'aucun effet ; la seconde, dont les feuilles ressemblent beaucoup à celles du C. *Magniflora plena*, est d'un effet superbe ; sa fleur est très-grande, pleine, régulière, rouge-cerise foncé n. 5 ; pétales arrondis, imbriqués ; quelques-uns,

au centre, contournés et formant comme deux cœurs séparés.
— *Superbe.*

355. C. *Speciosa vera.*

Feuilles de 68 mill. de large sur 95 mill. de long, arrondies, à
peine acuminées, peu dentées, planes, d'un vert clair, luisantes,
très-finement veinées ; bouton à écailles noirâtres à la base et
vertes au sommet ; fleur de plus de 100 mill. de diamètre,
belle, pleine, d'un rouge-cerise foncé, n. 5 ; pétales extérieurs
sur deux ou trois rangs, grands, réguliers, renversés sur le
calice ; ceux du centre irréguliers, multiples, serrés, ondulés,
tourmentés, ayant une petite pointe blanche à la partie supérieure ; corolle de 8 centim. de diamètre. — *Superbe.*

356. C. *Terzii* ou *Terziana.*

Arbrisseau peu gracieux, d'un port grêle, mais robuste ;
feuilles de moyenne force, lancéolées, recoquillées, sommet
recourbé, horizontales, nombreuses, d'un vert terne et
comme maculées de jaune verdâtre ; bouton obrond, obtus,
gros, aplati, à écailles noires à la base et blanchâtres au
sommet ; fleur d'environ 9 cent. de diamètre, rouge-orangé
foncé n. 5, pleine ; pétales arrondis, échancrés, larges, nombreux, rapprochés, serrés et imbriqués presque tous de la
circonférence au centre avec régularité ; ceux qui approchent
du centre sont parfois striés de quelques lignes longitudinales blanchâtres ; ceux du milieu sont en petit groupe, chiffonnés ou tourmentés ; corolle angulaire étoilée, régulière.
Obtenu de semence à Milan, par M. Meriani, et dédié à
madame la marquise Terzi. — *Magnifique.*

357. C. *Tamponetiana.* (Berl.)

Feuilles rapprochées, ovales, un peu lancéolées, de
60 mill. de large sur 90 de long, à nervures apparentes,
d'un vert mat ; bouton gros, oblong, à écailles vert-pomme ;
fleur de 95 mill. de diamètre, rouge-cerise n. 5, tirant sur

l'amarante, double, bien faite; pétales arrondis à la circonférence, réfléchis régulièrement sur le calice, au second rang relevés avec grâce; ceux du centre, plus petits, chiffonnés, quelquefois marqués de taches blanches; quelques étamines stériles au centre; fleurit abondamment et facilement. Obtenu de graines par **M. Tamponet de Paris.**

358. C. *Venusta.*

Voici encore un Camellia qui se trouve présentement dans le commerce sous le nom de *Venusta;* fleur de 94 mill. de large, double, cerise foncé n. 5, rouge vif tirant sur l'écarlate; pétales extérieurs en cuiller, peu nombreux, larges, quelques-uns doublement échancrés au sommet, presque tous égaux en dimension; corolle ronde, un peu en coupe évasée. Le centre est composé d'étamines presque toutes pétaloïdes réunies en faisceau qui forment un cœur aplati à peu près comme dans le *Fasciculata nova.* — *Superbe.*

359. C. *Vandaleana.* (Vand.)

Feuilles de 48 mill. de large sur 108 de long, ovales, allongées, lancéolées, réfléchies, surface supérieure grenelée, veines saillantes, légèrement dentées, d'un vert trèsfoncé, presque noir; bouton gros, obtus, écailles moitié noires et moitié jaunâtres; fleur de 81 mill. de diamètre, double, d'un rouge-cerise n. 6, quelquefois carmin pur; pétales de la circonférence arrondis, larges, renversés, échancrés, les autres qui les suivent ovales-allongés, un peu en cuiller, tous imbriqués. Au centre on voit deux ou trois petits pétales réunis, qui renferment des styles avortés. — *Très-jolie.*

360. C. *Venus* ou *Venere.* (Mar.)

Feuilles de 45 mill. de large sur 88 de long, allongées, planes, inclinées vers la terre, à veines profondes, dentées régulièrement; bouton obtus, à écailles noirâtres,

aplati dans le genre du *Florida ;* fleur pleine, de presque
135 mill. de diamètre, couleur rouge-vif-cerise foncé n° 4 ;
pétales grands : les quatre ou cinq premiers rangs sont en
éventail, presque ronds au limbe, très-nombreux, égaux
dans leur rang respectif, tous imbriqués régulièrement
et renversés ; les deux autres rangs qui les suivent sont
de même larges, mais plus courts, disposés sans ordre, et
peu tourmentés ; enfin ceux du centre, de la même dimension que les autres, sont relevés en cuiller, formant
entre eux un vase régulier, dans le milieu duquel sont quelques pétales longs, ovoïdaux, droits et d'une teinte blanchâtre. — *Magnifique.*

361. C. *Vespucius.* (Mar.)

Feuilles de 60 mill. de large sur 95 de long, allongées,
très-acuminées, à fortes nervures, largement dentées, horizontales, vert terne ; bouton gros, ovale, aplati, obtus, écailles
calicinales jaunâtres ; fleur de 95 mill. de diamètre, pleine,
d'un rouge-cerise n. 5 ; pétales très-nombreux, serrés, disposés par paquet, et formant entre eux une masse difforme
qui ne ressemble pas aux autres variétés. Les premiers **rangs**
sont d'un rouge-cerise foncé, les autres sont plus clairs, et,
à mesure qu'on approche du centre, ils sont d'un rose délicat ; corolle en vase. — *Très-belle.*

362. C. *Warrata* ou *Anemonæflora.*

Feuilles de 54 mill. de long sur 80 de large, ovales-obtuses,
d'un vert foncé et brillant, planes, épaisses, distantes, réfléchies inférieurement ; bouton de moyenne grosseur, allongé,
à écailles toujours noirâtres ; fleur grande, double, d'un
rouge cerise foncé n. 6, tirant sur le pourpre ; pétales de la
circonférence larges, presque arrondis, au nombre de six ou
sept ; ceux de l'intérieur nombreux, petits, disposés, avec une
régularité admirable, en forme de boule déprimée. Cette variété fleurit avec facilité dans les climats chauds ; mais, à

Paris, elle est assez inconstante à cet égard. Lorsque les boutons montrent au sommet une pointe blanche, c'est un indice de floraison certaine et facile. Cette variété a donné de très-belles sous-variétés; elle se couvre de fruits en Italie.

363. C. *Wellingtoniana.* Voyez *Francofurtensis.*

DEUXIÈME GAMME.

Unicolores.

COULEUR CARNÉE.

Couleur dominante. Laque rose et cinabre comme dans les n. 1 et 2 du tableau peint.

364. *Alba lutescens ou Roseo-flavescens.*

Feuilles oblongues, réfléchies, roulées en dessous vers le sommet, régulièrement dentées, presque planes, forme et couleur de celles du C. *Welbancksiana;* bouton ovale-obtus, à écailles jaunâtres; fleur de 95 mill. de diamètre, d'un blanc-sale-jaunâtre carné n. 2, pleine, totalement dépourvue d'organes sexuels; pétales larges, disposés sur plusieurs rangs. — *Très-belle.*

365. C. *Carnea.*

Feuilles ovales-allongées, de 68 mill. de large sur 115 de long, distantes, très-veinées et dentées, d'un vert jaunâtre; bouton obtus, gros, à écailles verdâtres; fleur large de 80 mill., pleine, couleur de chair tirant sur un jaune pâle, comme dans le n. 3. — *Superbe.*

366. C. *Incarnata.*

Feuilles de 60 mill. de large sur 108 de long, lancéolées, veinées et dentées profondément, d'un vert pâle; fleur grande, de 95 mill. de diamètre, pleine, disposée en étoile, de couleur carnée, pâle, en s'épanouissant, et devenant ensuite d'un jaune sale, une nuance au-dessus du n. 3 ; pétales imbriqués, touffus, légèrement acuminés, quelques-uns échancrés au sommet, appuyés régulièrement les uns sur les autres, et formant une sorte d'étoile. — *Magnifique.*

367. C. *Kewblusk.*

C'est une sous-variété de la précédente, à fleurs moins régulières, non étoilées.

368. C. *Ochroleuca.* (Siéb.)

Arbrisseau de moyenne force, branchu, et peu vigoureux ; feuilles de 54 mill. de large sur 80 de long, ovales-arrondies, horizontales, acuminées, nervures profondes, finement dentées, vert terne; bouton oblong, à écailles jaunâtres ; fleur de plus d'un décimètre de diamètre, pleine; couleur jaunâtre, à peu près dans la teinte de la rose thé jaune; pétales sur cinq ou six rangs, ovales, obtus, presque ronds, imbriqués, nombreux, renversés, serrés, disposés avec régularité et formant une corolle ronde évasée, dont la couleur jaune et les formes régulières produisent un effet *magnifique.*

369. C. *Sieboldii.* (Siéb.)

Malgré l'avis de quelques botanistes qui regardent cette plante comme une espèce distincte, notre opinion est qu'elle n'est qu'une variété. Voici ses caractères : Arbrisseau peu robuste, qui paraît s'élever avec difficulté ; bois rougeâtre, très-branchu ; feuilles rapprochées, ovales - obtuses, de moyenne force, horizontales, un peu en coquille renversée, recourbées au sommet, épaisses, à nervures apparentes, sur-face inégale et raboteuse, d'un vert foncé; bouton rond, fermé, et grosseur d'une noisette, à écailles calicinales jau-nâtres; fleur moyenne, simple, d'une couleur de chair rosé délicat; pétales au nombre de 8 ou 9, un peu arrondis, for-tement échancrés et appuyés sur le calice. Le limbe est chair rosé tendre, le corps du pétale est rose sale, et l'onglet est blan-châtre. Tous les organes sexuels apparents, droits, en fais-ceau; pistil isolé, étamines écartées. On prétend que c'est ce Camellia qui a donné naissance au C. *Ochroleuca*, et l'un et l'autre viennent de la Chine importés par le célèbre bota-niste hollandais Siébold, en 1830.

DEUXIÈME GAMME.

Unicolores.

ROUGE-ORANGÉ PLUS OU MOINS FONCÉ

Couleur dominante. Laque mêlée au rouge-cinabre, comme dans les n. 1, 2, 3, 4, 5, 6, 7 et 8 de la seconde gamme du tableau peint.

370. C. *Anemonæflora Warrata Sinensis.*

Feuilles de 54 mill. de large sur 75 de long, ovales, ob-tuses, presque planes, les anciennes ovales, arrondies, les nouvelles lancéolées, toutes très-finement dentées et comme marginées de rouge, d'un vert à peu près pareil à celui de l'oranger; bouton obtus, assez gros, à écailles vertes; fleur de 95 mill. de diamètre, pleine, rouge-orangé foncé n. 6, quelques nuances au-dessus du C. *Reevesii*, à cœur relevé; pétales de la circonférence sur 3 rangs, larges, arrondis; ceux du centre étroits, courts, mêlés à d'autres plus grands et plus larges, inégaux et marqués, au centre, d'une ou de deux taches blanches. Cette fleur ressemble beaucoup à celle du C. *Parksii*. — *Superbe*.

371. C. *Atrorubens*.

Arbrisseau très-vigoureux; feuilles grandes, ovales-lancéolées, atténuées à l'extrémité supérieure, très-dentées, d'un vert foncé, coriaces; bouton de grosseur ordinaire, à écailles noirâtres; fleur de 80 mill. de diamètre, pleine, irrégulière, d'un rouge-orangé foncé n. 6; pétales extérieurs sur 3 rangs, régulièrement placés, larges, imbriqués, renversés et étalés; ceux de l'intérieur plus petits, courts, relevés, tourmentés, chiffonnés et séparés des premiers, formant un centre déprimé; difficile à fleurir. — *Superbe*.

372. C. *Augusta rubra aurantia*.

Feuilles de 54 millim. de large sur 80 millim. et plus de long, très-dentées, ovales-lancéolées, acuminées, d'un vert mat; bouton oblong, un peu pointu; fleur de 95 à 100 mill. de diamètre, double, rouge-orangé foncé n. 8; couleur, forme et dimension de celle du C. *Corallina*. — *Superbe*.

373. C. *Bettina* (Cas.).

Bouton ovale-oblong, à écailles calicinales, d'un vert jaunâtre; fleur moyenne, angulaire, bien faite, double, d'un rouge ponceau très-vif; pétales de la circonférence arrondis et entiers; ceux du centre plus allongés, disposés en coupe et échancrés au sommet; quelques étamines apparentes, belle forme et beau coloris. — *Superbe*.

374. C. *China* (Tat.) ou *Rives nova*.

Rameaux, feuilles et bois ressemblant assez à ceux du C. *Rubra plena*, dont il est une sous-variété; bouton gros, ovale, à écailles vert-pomme; fleur grande de plus de 80 mill. de diamètre, pleine, couleur rouge-orangé foncé n. 7, à pétales relevés, nombreux, serrés et disposés comme dans le

C. *Atrorubens*, mais d'une forme globuleuse plus évasée. — *Superbe*.

375. C. *China large*.

Feuilles longues, étroites, réfléchies, d'un vert pareil à celui du C. *Rubraplena*; fleur d'environ 90 millim. de diamètre, pleine, de la forme de celles du précédent et d'une couleur à peu près semblable; pétales extérieurs imbriqués, entiers, arrondis au sommet, les bords réfléchis; quelques pétales du centre petits, inégaux et légèrement tachés de blanc. — *Superbe*.

376. C. *Conspicua*.

Arbrisseau d'un port peu gracieux; feuilles de 58 millim. de large sur 108 millim. de long, oblongues-lancéolées, assez acuminées, tourmentées, serrées, réfléchies, fortement dentées, à long pétioles d'un vert ordinaire; bouton oblong, à écailles calicinales vertes; fleur de 90 millim. de diamètre, régulière, pleine, d'un beau rouge-orangé n. 8, tirant sur le carmin; pétales de la circonférence disposés en plusieurs rangs, larges, bien imbriqués et échancrés profondément au sommet; quelques-uns du centre longs, entortillés et couchés latéralement sur l'ovaire. — *Superbe*.

377. C. *Cockii* ou *Triomphe de Gand*. (Cock.)

Beau feuillage, épais, luisant, arrondi et d'un vert obscur; bouton aplati, à écailles verdâtres; fleur de 90 millim. de diamètre, double, d'un rouge-orangé foncé n° 6; corolle en rosace régulière, à coins rentrés à peu près comme l'*Elphinstonia*; pétales larges, bien étalés et imbriqués, peu nombreux, arrondis et vernissés; ceux du centre, au nombre de 2 ou 3, longs, étroits, en spirale, entortillant deux ou trois étamines rondes et stériles et peu apparentes. — *Superbe*.

378. C. *Crassiflora*. (Floy.) Voyez *Salicifolia*. (Floy.)

379. C. *Comtesse Hartig*. (Mar.)

Feuilles allongées, recourbées au sommet, aiguës ; bouton oblong, à écailles noirâtres ; fleur de 9 centim. de diamètre, orangé foncé n. 5 ; corolle en coquille évasée ; pétales extérieurs, larges, nombreux, rapprochés, les premiers renversés, les autres droits, serrés, bien échancrés, imbriqués en sens relevé comme dans la *Rose cent-feuilles*, à bord renversé, irréguliers ; ceux du centre sont évasés, serrés, allongés, nombreux, inégaux. — *Très-belle*.

380. C. *Candolleana*.

Feuilles de 41 millim. de large sur 81 de long, ovales-allongées, lancéolées, largement dentées, horizontales, nombreuses, rapprochées, un peu en cuiller, souvent marquées ou panachées d'un jaune clair ; bouton de moyenne force, obtus, à écailles jaunâtres ; fleur de 68 millim. de diamètre, d'un rouge-orangé carminé, mêlé avec un peu de vermillon, double ; pétales sur 4 ou 5 rangs, ovales-obtus, bien imbriqués, marqués distinctement par une ligne médiane d'un rouge plus foncé, légèrement échancrés, un peu en cuiller au sommet et un peu retournés au limbe ; ceux du centre petits, droits, allongés, nombreux, dressés ; ce sont des étamines pétaloïdes ; corolle en coupe évasée, régulière et bien faite. — *Très-jolie*.

381. C. *Coquetii*.

Arbrisseau vigoureux, bien fait, droit, à feuillage allongé, d'un vert foncé ; fleur de 8 à 9 centim. de diamètre, pleine, rouge-orangé clair n. 3, tirant un peu sur le cramoisi délicat ; pétales uniformes, nombreux, larges, arrondis, renversés également et imbriqués avec beaucoup de régularité du centre à la circonférence ; corolle ronde, aplatie, dans les formes du C. *Imbricata rubra*. — *Magnifique*.

382. C. *Cruciata*.

Fleur d'environ 8 centim. de diamètre, double, fond rouge-orangé foncé n. 5, croisé de blanc.

Les pétales, qui sont larges, arrondis, nombreux et bien imbriqués, forment une corolle en rosace évasée dont le fond est rouge-orangé, partagé par deux lignes assez larges, croisées, d'un blanc pur, qui coupent la fleur en 4 parties distinctes. — *Superbe.*

383. C. *Chandlerii* (Chand.).

Arbrisseau vigoureux ; feuilles épaisses, grandes de 80 millim. de large sur 108 de long , ovales-arrondies , horizontales, un peu acuminées, à pointes recourbées latéralement , très-dentées, à veines apparentes et d'un vert obscur ; bouton gros, ovale, pointu, à écailles moitié noirâtres et moitié jaunâtres tirant sur le rouge ; fleur de 95 millim. de diamètre, en rosace, double, déprimée, d'un superbe rouge-orangé foncé n. 8 ; pétales de la circonférence mucronés, imbriqués, arrondis, régulièrement rangés , échancrés ; ceux du centre plus petits, droits, allongés, un peu repliés en cornet, quelquefois panachés de blanc. — *Magnifique.*

384. C. *Cactiflora*.

Feuilles de 60 millim. de large sur 95 de long, ovales-oblongues, lancéolées, très-acuminées , écartées les unes des autres, largement dentées, à fortes nervures ; bouton oblong, à écailles jaunâtres ; fleur semi-double, d'un rouge-orangé foncé n. 8 ; pétales bien imbriqués, peu nombreux, larges et régulièrement disposés ; ceux du centre sont plus petits, tourmentés et entremêlés d'étamines. — *Passable.*

385. C. *Derbyana vera*.

Feuilles de 60 millim. de large sur 95 de long, ovales-arrondies, très-acuminées, à nervures profondes, horizontales, finement dentées, surface souvent panachée de jaune, d'un très-beau vert ; bouton fort gros, oblong, pointu, à écailles vert-pomme ; fleur de 108 millim. de diamètre et souvent davantage, double, rouge-orangé foncé n. 7, d'un éclat difficile à désigner et d'un effet magnifique ; les pétales de la circonférence disposés sur plusieurs rangs, larges, un peu en cuiller et échancrés au sommet ; ceux de l'intérieur étroits, chiffonnés, d'une nuance rosée ; quelques étamines stériles au centre. — *Magnifique.*

386. C. *Dulcis.*

Feuilles oblongues, recoquillées, fortement veinées et à nervures profondes ; bouton gros, à écailles calicinales noirâtres ; fleur de 95 millim. de diamètre, pleine, d'un rouge-orangé foncé n. 5 ; corolle bien faite, en rosace bombée dans le genre de celle du *Colvilii ;* pétales de la circonférence assez larges, peu nombreux, ronds , en cuiller ; les autres sont nombreux, touffus, ramassés, inégaux, chiffonnés, dressés et formant la boule aplatie ; au centre on entrevoit deux ou trois petits pétales marqués d'une bande longitudinale blanche. — *Superbe.*

387. C. *Elata nova.*

Arbuste vigoureux, d'un port superbe ; feuilles de 58 mill. de large sur 122 de long, ovales-arrondies, réclinées, sommet aigu et recourbé, très-épaisses, fortement veinées et nervées, horizontales, largement dentées, d'un vert entièrement noir ; bouton ovale-oblong, acuminé, à écailles vert clair ; fleur de plus de 108 millim. de diamètre, pleine, à cœur rentré, d'un rouge-orangé n. 5, tirant sur l'écarlate, une nuance au-dessus du *Derbyana,* avec qui elle a quelque ressemblance, quoique plus double et plus régulièrement imbriquée ; corolle régulière, en rosace étoilée, entièrement imbriquée et ronde ; pétales larges et ovales, se terminant en pointe aiguë au sommet, en cuiller, avant de s'épanouir entièrement, très-bien étagés les uns sur les autres ; ceux du centre sont peu nombreux, petits et imbriqués : on aperçoit au milieu du calice deux ou trois styles courts. — *Magnifique.*

388. C. *Eximia vera.*

Feuilles ovales-lancéolées, grandes, acuminées, fortement dentées, horizontales, d'un vert ordinaire ; bouton gros, aplati au sommet, à écailles calicinales jaunâtres ; fleur de 100 millim. de diamètre, très-pleine, couleur orangé foncé n. 8 ; quelquefois les pétales sont marqués d'une ligne blanche ; ils sont disposés sur six ou sept rangs régulièrement imbriqués, arrondis, échancrés au sommet, formant une belle rosace comme dans le C. *Blanc double.* — *Magnifique.*

389. C. *Futüng.*

Arbrisseau d'une forme élégante, robuste, élancé ; feuilles de 6 centim. de large sur 9 de long, arrondies, peu acuminées, très-lisses, horizontales, largement veinées, d'un vert-pomme ; bouton gros, ovale-obtus, à écailles noirâtres à la base et blanchâtres au sommet ; fleur de plus d'un décim. de diamètre, pleine, orangé foncé n. 5, souvent cerise foncé n. 5 ; pétales de la circonférence sur deux ou trois rangs, larges, épais, renversés, festonnés, ondulés et échancrés ; ceux de l'intérieur divers, les uns longs évasés, les autres ovoïdaux entremêlés d'un nombre infini de plus petits allongés, étroits, en cuiller, serrés en faisceaux et formant par leur masse un intérieur élevé, inégal, irrégulier, qui donne à la corolle une singulière magnificence. Ce C., par son port, son feuillage et la forme de ses fleurs, ressemble tout à fait aux C. *Parcksii, Speciosa, Milleri, Rawsiana, Roseana, Anemone Warrata Roscii, Warrata Sinensis, Warrata China, New-imported :* de sorte que nous pouvons affirmer que toutes ces variétés n'en font qu'une seule ; la différence n'est que dans la conformation du bouton et dans le plus ou moins d'intensité dans les couleurs, ce qui peut dépendre de la culture. — *Magnifique.*

390. C. *Gioja*. (Mar.)

Feuilles très-larges, arrondies, lancéolées, veinées, très-dentées ; bouton rond à écailles verdâtres ; fleur d'environ 108 millim., pleine, d'un rouge-orangé n. 5, comme dans le *Magniflora* ; pétales de la circonférence sur trois ou quatre rangs, oblongs, obtus au sommet, presque tous d'une forme inégale, imbriqués, mais sans ordre et à distance inégale les uns des autres, profondément échancrés ; ceux du centre très-petits, en petit nombre, pétaloïdes, courts, droits, en paquet. — *Très-belle*.

391. C. *Gillœsii* ou *Nancy Dawson* ou *Dark coccinea*.

Feuilles de 5 centim. de large sur 1 décim. de long, allongées, très-acuminées, sommet retourné, d'un vert obscur ; bouton oblong, un peu acuminé, à écailles verdâtres ; fleur de 7 centim. de diamètre, pleine, rouge-orangé, cuivré foncé n. 7 ; pétales des bords extérieurs sur trois rangs, allongés, en lanière, irrégulièrement placés, les uns renversés, les autres dressés, tous échancrés au sommet ; ceux du centre plus petits, serrés en masse arrondie, comme dans les *Anemonœflora*, formant un cœur bombé, large, irrégulier, à peu près dans la formedu *Speciosa* ; corolle quelquefois maculée de blanc. — *Superbe*.

392. C. *Incomparabilis*.

Feuilles de 77 millim. de large sur 108 de long, ovales-arrondies (quelques-unes lancéolées), acuminées, à nervures profondes, d'un vert très-brillant ; bouton oblong, grand, pointu, à écailles noirâtres ; fleur grande, de 110 millim. de diamètre, simple, rouge-orangé foncé n. 7 ; huit pétales larges, échancrés au sommet ; beaucoup d'étamines serrées et dressées. Il existe un autre C. sous ce nom, dont la fleur est grande et belle, introduit par M. Cachet d'Angers. — *Superbe*.

393. C. *Ignescens*.

Arbrisseau vigoureux; feuilles assez grandes, à nervures fines, mais bien prononcées, parsemées de points d'un vert clair sur un fond plus sombre; fleur de grandeur moyenne, semi-double, rouge-orangé foncé n. 6; pétales planes, imbriqués sur trois rangs; beaucoup d'étamines. — *Passable.*

394. C. *Lanckmanni*.

Arbrisseau vigoureux et d'un beau port; feuillage d'un vert luisant; fleur grande, simple, d'un rouge-orangé foncé n. 6, velouté; à pétales amples, dressés, bilobés et allongés; étamines courtes, quelques-unes pétaloïdes, styles très-longs. — *Passable.*

395. C. *Louis-Philippe*. (Angl.)

Feuilles larges, horizontales, dans le genre de celles du *Variegata* ancien; fleur double, d'environ 8 centim. de diamètre, rouge-cerise orangé foncé n. 6; pétales extérieurs sur trois rangs, larges, arrondis, bien imbriqués; ceux du milieu, plus petits et très-nombreux, ne sont qu'une réunion d'étamines les unes naturelles, les autres pétaloïdes. Gagné de semence par M. G. Glenny Worton, Anglais 1839. — *Très-jolie.*

396. C. *Magniflora plena*.

Feuilles grandes, les unes arrondies, les autres ovales, subcordiformes, épaisses, fermes, luisantes, réfléchies, nombreuses, d'un vert obscur; bouton oblong, assez gros, à écailles vertes; fleur très-double, régulière, de 95 millim. de diamètre, d'un rouge-cerise foncé n. 5, tirant sur le ponceau; pétales extérieurs imbriqués sur trois rangs, très-larges, échancrés au sommet; ceux du centre plus petits, arrondis, disposés régulièrement; fleurit facilement et longtemps. — *Superbe.*

397. C. *Master Piccoti*.

Feuilles de 54 millim. sur 86 de long, oblongues, le sommet recourbé, très-finement dentées, lisses, d'un vert terne ; bouton obtus, à écailles jaunâtres ; fleur pleine, de 95 millim. de diamètre, rouge-orangé ponceau n. 6 ; pétales extérieurs sur quatre rangs, larges, très-imbriqués, ondulés au limbe, presque frangés ; ceux du centre, au nombre de quatre ou cinq, sont dressés, un peu contournés au limbe et ondulés comme les premiers. — *Superbe*.

398. C. *Mahleni*.

Feuilles de 60 millim. de large sur 135 de long, tourmentées au sommet, très-nervées et irrégulièrement dentées, d'un vert assez foncé ; bouton oblong, à écailles vert pâle ; fleur de 108 millim. de diamètre, pleine, rouge-orangé n. 5 ; pétales extérieurs sur plusieurs rangs, larges de plus de 54 millim. au limbe, peu nombreux, bien imbriqués, étalés avec grâce, échancrés au sommet ; ceux de l'intérieur plus étroits, mais aussi longs, ovoïdaux, en cuiller, et appuyés sur les autres irrégulièrement ; ceux du centre, au nombre de trois ou quatre, sont de même étroits, un peu longs, redressés et d'un blanc sale. — *Magnifique*.

399. C. *Meteor*. (Amér. Har.)

Feuilles de 41 millim. de large sur 81 de long, très-dentées et bien acuminées ; fleur de 95 millim. de diamètre, d'un rouge-orangé foncé n. 6, très-brillant ; pétales extérieurs grands, bien contournés, très-échancrés au sommet ; ceux du centre longs, nombreux, droits, serrés, séparés de ceux de la circonférence et formant une grosse boule ronde aplatie dépourvue d'organes sexuels. Obtenu par M. Harrison de New-York. — *Superbe*.

400. C. *Magnifica rubra* (Sac.).

C'est une belle variété obtenue de semence à Milan.

Ses feuilles sont de plus de 5 centim. de large sur presque 7 de long, ovales-allongées, très-acuminées, horizontales, planes, d'un vert terne; le bouton est rond, aplati, à écailles noirâtres à la base et blanchâtres au sommet; la fleur est de plus de 9 centim. de diamètre, pleine et d'un rouge-orangé clair n. 1, saumon ordinaire; les pétales extérieurs sont sur plusieurs rangs, ils sont larges, courts et irrégulièrement disposés et renversés; ceux qui les suivent sont un peu plus petits, mais de la même forme, très-nombreux, serrés, par paquets, inégaux, tourmentés, tous entremêlés d'étamines fertiles et formant une corolle bombée, large, touffue, dans le genre du *Lefevriana*. — *Très-belle.*

401. C. *Nutruta Warrata.* Voy. *Augusta rubra aurantia.*

C. *Neriiflora.* (Mar.)

Feuilles allongées, distantes, de 58 millim. de large sur 135 de long, lancéolées, tourmentées; bouton obtus, à écailles jaunâtres; fleur de 95 millim. de diamètre, pleine, rouge-orangé-ponceau très-foncé; pétales extérieurs sur deux rangs, bien imbriqués, larges, épais, un peu retournés, entremêlés de quelques-uns plus petits, inégaux, tourmentés; les autres sont assez larges, courts, de différentes formes, mais de la même couleur foncée que les premiers, et formant un centre irrégulier d'environ 50 millim. de diamètre; corolle dans le genre de l'*Atrorubens.* — *Superbe.*

402. C. *Neoboracensis* ou *New-York.* (Floy.)

Feuilles d'un vert foncé très-luisant, 68 millim. de large sur 122 de long, épaisses, lancéolées, acuminées, veinées profondément; bouton gros, obtus, à écailles verdâtres; fleur de 135 millim. de diamètre, d'un beau rouge-orangé foncé n. 6; pétales très-longs et larges sur cinq à sept rangs, droits, nombreux, épais; ceux du centre panachés ou mieux striés de blanc, entremêlés de quelques organes sexuels; corolle en forme de vase. — *Magnifique.*

403. C. *Nickolsii*.

Feuilles de différentes grandeurs, les unes ovales-arrondies, les autres allongées et acuminées, horizontales, d'un vert foncé; bouton gros, obtus, à écailles jaunâtres; fleur de plus de 1 décim. de diamètre, très-pleine, rouge-orangé délicat n. 4; laque rose et cinabre; pétales extérieurs sur six ou sept rangs, presque aussi larges que longs, épais, nombreux, rapprochés, serrés les uns sur les autres, renversés avec grâce, échancrés et imbriqués régulièrement; ceux du centre font un cœur séparé, sont difformes, allongés, nombreux, mal imbriqués et irrégulièrement placés; corolle en rosace parfaitement ronde, dans le genre du *Grand Frédéric*; forme du *Decora*, mais plus double et plus régulière. — *Magnifique*.

404. C. *Plumacia*.

Il existe sous ce nom, chez quelques fleuristes de Paris, un beau Camellia qui a les feuilles de 60 millim. de large sur 88 de long, arrondies, d'autres très-aiguës, toutes à sommet droit, horizontales, très-veinées et nervées, épaisses, finement dentées, d'un vert ordinaire; bouton obtus et d'un vert-pomme; fleur de 104 mill. de diamètre, rouge orangé n. 4, pleine; corolle large, aplatie et irrégulière; pétales extérieurs sur plusieurs rangs, longs, ovoïdaux, rétrécis au sommet, partagés par une ligne médiane , qui leur fait former la cuiller, tous échancrés au sommet; quelques-uns sont souvent marqués de petites stries blanches; ceux du milieu peu nombreux, longs, étroits, disposés en spirale et formant un centre irrégulier et entortillé. — *Superbe*.

405. C. *Punicæflora*.

Arbrisseau droit, pyramidal, à branches élancées et grêles; feuilles de 60 millim. de large sur 95 de long, arrondies, horizontales, un peu retournées au sommet, luisantes, à nervures profondes, irrégulièrement dentées, d'un vert foncé; bouton petit, obtus, à écailles verdâtres; fleur double, de

54 millim. de diamètre, rouge-orangé clair n. 4 ou 5, saumon tirant sur la grenade ; pétales de la circonférence sur deux rangs, de 18 millim. de large sur 24 de long, étalés, allongés, échancrés, en cuiller ; ceux du centre, ramassés en boule, petits, ressemblent à des étamines pétaloïdes, droits et marqués, à l'onglet, de blanc. Cet arbrisseau, qui se couvre de fleurs le long des branches, est extrêmement joli.

406. C. *Parviflora*.

Feuilles rapprochées, oblongues-lancéolées, très acuminées, larges de 54 millim. sur 90 de long, presque planes, finement et irrégulièrement dentées et d'un vert obscur ; bouton gros, oblong, à écailles noirâtres à la base et jaunâtres au sommet ; fleur de 90 millim. de diamètre, pleine, régulière, rouge-orangé foncé n. 7 ; pétales bien imbriqués, très-nombreux, à cœur déprimé, enfermant deux ou trois étamines stériles. — *Superbe*.

407. C. *Palmers purple Warrata*.

Rameaux courts ; feuilles planes, arrondies, très finement dentées, à nervures peu apparentes ; fleur grande, pleine, rouge-orangé foncé n. 8. — *Superbe*.

408. C. *Reewesii vera*.

Port peu gracieux ; feuilles rares, distantes de 60 mill. de large sur 108 de long, penchées vers la terre, lancéolées, la pointe recourbée en dessous, d'un vert foncé ; bouton gros, pyramidal, à écailles verdâtres ; fleur de 110 mill. de diamètre, double, rouge-orangé foncé n. 7 ; pétales de la circonférence sur deux rangs, de 34 mill. de large sur 41 mill. de long, creusés en gouttière, très-échancrés au sommet ; ceux du centre allongés, étroits, déchiquetés en lanière, se repliant au sommet en forme de dôme et laissant un vide dans l'intérieur où paraissent quelques étamines. — *Superbe*.

409. C. *Rivinii*.

Feuilles de 50 mill. de large sur 95 mill. de long, réclinées, allongées, acuminées, nervées et dentées , horizontales; pétiole de 24 mill. de long, d'un rouge pâle, couleur qui se prolonge souvent jusqu'au tiers de la maîtresse nervure ; bouton allongé , pyramidal , à écailles vertes ; fleur grande, de 110 mill. de diamètre, d'un beau rouge-orangé foncé n. 7, très-double ; pétales de la circonférence sur plusieurs rangs, oblongs, un peu spatulés ou en cuiller, échancrés au sommet et disposés en rayons; ceux de l'intérieur très-nombreux, dressés et formant le dôme, comme dans le C. *Reewesii* ; même couleur et même forme. — *Superbe*.

410. C. *Rosa species nova* (de la Chine).

Arbrisseau pyramidal , port peu gracieux , bois grisâtre, feuilles de 54 mill. de large sur 80 de long, ovales-oblongues, très-acuminées, lancéolées , recoquillées, tourmentées, sommet recourbé, d'un vert très-foncé; bouton petit, oblong, à écailles rayées de vert et de rougeâtre ; fleur de presque 8 centim. de diamètre, pleine, rose-violet-orangé, difficile à désigner; corolle régulière, à pétales élégamment disposés et imbriqués admirablement de la circonférence au centre, et formant une rose parfaite : quelquefois on voit sur la même plante des fleurs d'une forme angulaire : tous les pétales sont arrondis et en éventail ; les premiers sont échancrés, ceux de l'intérieur sont entiers. Cette plante , au premier aspect et sans fleurs, n'offre aucun attrait particulier ; mais, par l'abondance des fleurs qu'elle rapporte, par leur forme et leur couleur , elle mérite une place distinguée dans nos serres.

411. C. *Rugosa*.

Feuilles de 68 mill. de large sur 95 de long , arrondies , quelques-unes ovales , oblongues, d'autres obrondes , à sommet aigu, légèrement dentées, d'un vert foncé ; bouton gros, allongé, à écáilles rugueuses presque noires ; fleur de plus de 9 centim. de diamètre, pleine, rouge orangé n. 4, rappelant un peu la couleur de la grenade ; pétales sur plusieurs rangs, larges, parfaitement imbriqués et échancrés au sommet : ceux du centre disposés avec grâce, de différentes formes, les uns droits, les autres couchés, presque tous étroits, mais bien groupés ; corolle en coupe angulaire. — *Superbe*.

412. C. *Radescky,* ou *Quadripartita.*

Fleur de moyenne grandeur, pleine, d'un rouge tirant sur l'orangé; pétales extérieurs peu nombreux, régulièrement placés : ceux de l'intérieur sont plus petits, nombreux et groupés en quatre sections distinctes, qui partagent le centre en quatre parties, comme on voit souvent dans les C. *Sophiana, Tamponetiana, ignis,* et autres d'origine européenne.—*Très· jolie.*

413. C. *Rutilans.*

Feuilles de 7 centim. de large sur 8 de long, ovales-arrondies, presque rondes, horizontales, surface grenclée, dentées finement et régulièrement, d'un vert foncé et luisant, la pointe un peu recourbée en dessous ; bouton de moyenne force, à écailles noirâtres ; fleur de plus de 9 cent. de diam., rouge-orangé foncé n. 6, pleine; corolle régulière, à cœur rentré, et d'une forme aplatie ; pétales sur six rangs, tous bien imbriqués, échancrés profondément au sommet, quelques-uns le sont même doublement; au centre, deux ou trois styles entortillés. — *Très belle.*

414. C. *Rossi varietas, Warrata nova.*

Arbuste de peu d'apparence lorsqu'il est jeune, mais assez beau et singulier lorsqu'il est fort ; feuilles de 68 mill. de large sur 108 de long, rares, distantes, allongées, lancéolées, épaisses, les unes recoquillées, retournées en arrière et raboteuses, les autres planes et luisantes, toutes inclinées la pointe vers la terre et attachées à un pétiole assez long et d'une couleur rougeâtre ; bouton gros, obtus, à écailles verdâtres ; fleur d'environ 108 mill. de diam., pleine, rouge-orangé foncé n. 6 ; pétales extérieurs larges, nombreux, bien imbriqués ; les autres sont aussi imbriqués, petits, en grand nombre et formant un centre bombé, inégal dans le genre du *Reewesii*. — *Superbe*.

415. C. *Squamosa*. Sac.

Feuilles de six cent. de large sur un décim. de long, ovales-oblongues, légèrement acuminées, sommet un peu recourbé, entièrement dentées, nervures apparentes, vert foncé ; bouton gros, aplati, à écailles noirâtres, cependant solide ; fleur de plus de 9 cent. de diamètre, pleine, couleur rouge-cerise foncé n. 4 , carmin terne.

Corolle ronde, régulière, dans le genre du *Mutabilis Traversii* ; pétales larges, arrondis, nombreux, égaux, renversés, échancrés légèrement et imbriqués tous de la circonférence au centre avec symétrie, les uns après les autres, comme les écailles d'un poisson, d'où vient le nom de *Squamosa* ; quelques petites taches blanches se montrent quelquefois au bord des pétales. — *Superbe*.

416. C. *Sckrimakersii*, ou Mlle *de Libert*.

Feuilles de 54 mill. de large sur 135 mill. de long, allongées, très-lancéolées, les unes tourmentées dans tous les sens et recourbées au sommet, les autres planes et bien faites, presque toutes à nervures saillantes et dentées irrégulièrement ; bouton obtus à écaille vert jaune ; fleur de 89 mill. de diam., double, rouge-orangé cuivré n. 6 ; pétales des bords extérieurs sur 3 ou 4 rangs, larges, presque ronds, égaux, échancrés au sommet, bien étagés, veinés de lignes d'un pourpre foncé, ceux du centre petits, courts, ramassés, réunis en faisceau ; corolle régulière en coupe, dans le genre de celle du *Corallina*. — *Superbe*.

417. C. *Salicifolia* **ou** *Crassiflora de Floy.* **Amér.**

Feuille de 41 mill. de large sur 108 mill. de long, planes, épaisses, ovales-lancéolées, très-acuminées, veines prononcées, légèrement dentées, d'un beau vert luisant ; bouton obtus, à écailles vertes ; fleur de plus de 108 mill. de diam., très-pleine, d'un cramoisi foncé, rouge-orangé n. 6 ; pétales extérieurs arrondis, larges, peu nombreux, ceux du centre nombreux, étroits, longs, serrés, dressés, roulés en cornet et formant, par leur ensemble, une grosse boule sphérique. — *Magnifique.*

418. C. *Thompsoniana.*

Arbrisseau d'un joli port ; feuilles ovales-allongées, acuminées, rapprochées, légèrement dentées, bien nervées, recourbées au sommet et d'un vert obscur ; bouton obtus, à écailles calicinales jaunâtres ; fleur de 108 mill. de diamètre, pleine, d'un rouge-orangé cinabre et laque ou saumon foncé n. 4 ; pétales de la circonférence sur 3 ou 4 rangs, larges, arrondis au limbe et veinés ; ceux du centre taillés différemment, courts, étroits, ramassés en touffes et bien imbriqués. — *Superbe.*

419. C. *Thompsoniana superba.*

Belle plante portant une fleur de plus de 10 cent. de diam., d'un rouge-orangé n. 4, pleine ; pétales grands, larges, arrondis au sommet, et légèrement échancrés, nombreux, étalés également sur le calice, et alternativement imbriqués de la circonférence au centre ; corolle dans le genre de l'*Eximia.* — *Magnifique.*

420. C. *Variegata Warrata China.*

Arbuste d'un port très-gracieux ; feuilles à peu près dans le genre de celles du *Parcksii*, mêmes forme, dimension et couleur ; bouton gros, aplati, presque rond, à écailles vert-pomme ; fleur tout à fait semblable à celle du *Speciosa plena*, mais d'un rouge-orangé moins foncé, ce qui nous parait un accident. — *Magnifique*.

421. C. *Vandesiana superba*.

Arbuste un peu grêle, d'une végétation ingrate ; les premières feuilles quelquefois tombent aussitôt après leur développement, comme dans le C. *Concinna ;* son feuillage ressemble beaucoup à celui du *Vandesia carnea;* le bouton est oblong, obtus, à écailles calicinales verdâtres ; la fleur est double, de 9 centim. de diamètre, et d'un rouge-orangé foncé n. 6 ; les pétales sont presque tous de la même grandeur, peu nombreux, larges, étalés avec irrégularité, échancrés profondément au sommet, et entremêlés, dans tous les sens, d'étamines courtes et stériles ; ceux qui sont dans le centre sont plus petits, recoquillés et tourmentés ; corolle dans le genre de l'*Althœæflora*. — *Très-belle*.

422. C. *Wardii*. (Floy. Amér.)

Feuilles de 68 mill. de large sur 95 de long , ovales-obtuses, d'un vert foncé très-luisant ; bouton gros à écailles verdâtres ; fleur de plus de 95 mill. de diamètre, pleine, rouge-orangé foncé n. 7, d'un éclat difficile à décrire ; pétales extérieurs ronds, disposés sur deux rangs ; ceux du centre plus petits, droits, en cornet, et décrivant une forme extrêmement élégante. — *Superbe*.

423. C. *Wildenowia*. (Allem.)

Fleur de 8 centim. de diamètre, double, d'un beau rose-orangé veiné de cerise ; les pétales extérieurs du premier rang larges, échancrés, imbriqués, souvent renversés sur le calice ; ceux du second rang plus petits, touffus, inégaux et irrégulièrement disposés : après ceux-ci viennent encore de grands pétales, larges, irréguliers, échancrés, les uns droits, les autres baissés ; enfin le centre est composé d'un groupe de petits pétales inégaux, festonnés. — *Superbe*.

PREMIÈRE GAMME.

Bicolores.

PREMIÈRE DIVISION.

Fond blanc strié ou panaché de rose comme dans le n. 1 de la première gamme du tableau peint.

424. C. *Alba rosea virginalis*. (Berl.)

Nous avons reçu, il y a plusieurs années, ce Camellia sans nom. L'élégance de sa fleur, les nuances indéfinissables de sa couleur, ce mélange de blanc et de rose délicatement soufflé sur la surface de la corolle tout entière, nous ont déterminé à le faire connaître sous le nom de *Blanc rose virginal*, sauf à lui rendre son premier nom lorsqu'il nous sera connu. Ce Camellia n'est pas nouveau, il existe sans doute dans les collections; mais nous ne l'avons pas encore rencontré en fleur nulle part pour savoir son véritable nom. Voici sa description :

Arbuste branchu, élancé, d'un port régulier et d'une végétation lente; feuilles de plus de 6 centimètres de large sur 12 centimètres de long, ovales-oblongues, acuminées, un peu en coquille renversée, sommet légèrement recourbé, nervures profondes, dentées régulièrement, d'un vert pâle; forme, couleur et dimension de celles du C. *Imperialis*; bouton ovale-obtus, à écailles blanchâtres; fleur d'environ 9 centimètres de diamètre, pleine, à fond blanc-rosé tendre; pétales nombreux, larges, arrondis, serrés, étalés avec uniformité, un peu renversés au limbe et imbriqués régulièrement du centre à la circonférence, comme le blanc double ancien. Une légère et vaporeuse teinte de rose virginal passe rapidement sur la surface de la corolle, qui est blanche, et lui donne une particularité que nous n'avons encore rencontrée dans aucune autre variété. — *Magnifique.*

N. B. Cette plante, à notre grand étonnement, vient de fleurir cette année, 1840, rose uni; cette bizarrerie lui fait perdre beaucoup de son premier mérite.

425. C. *Banksii.*

C'est le *Camellia Imperialis*, sous le nom de C. *Banksii*, peut-être un peu plus strié de rouge, ce qui nous paraît dépendre de la vigueur de la plante.

426. C. *Dianthiflora striata plena.*

Feuilles de 54 mill. de large sur 81 de long, ovales-oblongues, acuminées, horizontales, très-dentées, un peu recourbées à leur sommet, à fortes nervures et d'un vert assez foncé; fleur grande, très-double, d'une jolie forme, ressemblant beaucoup à celle du *Camellia Imperialis.* — *Superbe.*

427. C. *Delicatissima.*

Feuilles de 54 mill. de long et larges de près de 68 mill., ovales-oblongues, atténuées aux deux extrémités, dont la supérieure est en pointe assez longue; fleur de 95 millimètres de diamètre, double, en rosace; cœur très-large, de 60 mill., à pétales recoquillés, sinueux, irréguliers, ceux du pourtour plus larges de 54 mill. et plus, entiers ou sinueux, tous blancs, striés de rose; les stries grandes, ou petites, assez nombreuses. — *Superbe.*

428. C. *Duchesse d'Orléans.* (Berl.)

Arbrisseau d'une végétation vigoureuse, à rameaux nombreux, port très-gracieux ; feuilles de 68 mill. de large sur 95 de long, ovales, acuminées , lisses , bien dentées, d'un vert pâle; bouton obtus, à écailles jaunâtres; fleur d'environ un décimètre de diamètre, pleine, fond blanc strié de rouge foncé, principalement au sommet des pétales, et à cœur rentré, rose ; pétales nombreux, larges , épais, disposés avec grâce les uns après les autres, un peu renversés au limbe, tous imbriqués régulièrement de la circonférence au centre, et presque tous marqués verticalement d'une ou deux stries rouges ou roses ; corolle en rosace étalée à peu près dans la forme du C. *Alba plena*. — *Magnifique*.

429. C. *Elegantissima*.

Feuilles grandes , ovales-lancéolées, à fortes nervures , d'un vert foncé; fleur double de 80 millim. de diamètre, fond blanc strié de rose. — *Superbe*.

430. C. *Gloria mundi*.

Nous avons, sous ce nom, deux Camellia différents : le premier a des feuilles de 75 millim. de large sur 108 millim. de long; forme, couleur et dimension du C. *Imperialis*, lorsque celui-ci est très-vigoureux ; bouton gros, obtus, à écailles verdâtres; fleur à fond blanc strié de rose , comme dans le Camellia cité ci-dessus, dont il diffère fort peu ; seulement le cœur en est un peu jaunâtre ; le second a des feuilles à peu près dans le genre de celles du C. *Grandiflora simplex ;* sa fleur est double, rouge-cerise n. 2, bien régulière.

431. C. *Imperialis*.

Feuilles grandes, de 68 millim. de large sur 95 millim. de long , ovales-arrondies, très-acuminées , roulées en dessous à leur sommet, horizontales, très-dentées , à fortes nervures, d'un vert clair; bouton ovoïde , gros, à écailles vertes; fleur grande de 95 millim. de diamètre, pleine, irrégulière, à fond blanc légèrement rayé ou strié de rose; les pétales de la

circonférence larges, pleins, renversés, échancrés au sommet ;
ceux de l'intérieur étroits, tourmentés, dressés, réunis et
formant un centre bombé, presque hémisphérique, chiffonné,
ressemblant à un œillet flamand, à fond blanc strié de rouge.
Quelquefois cette fleur est entièrement rose. — *Magnifique.*

432. C. *Imbricata alba.*

Feuilles larges de 81 mill. et longues de 108 à 135 mill., distantes, ovales, elliptiques, atténuées aux deux extrémités, bien
nervées, la pointe recourbée en dessous ; fleur de 110 millim.
de diamètre, sphéroïde, bien pleine et formant une rosace
régulière, dont les pétales vont peu à peu en diminuant de
grandeur vers le centre et s'imbriquant mutuellement du
centre à la circonférence ; chacun a le bord libre, peu ou
point sinueux, entier, large de 4 millim. au centre et augmentant jusqu'à 56 millim. au pourtour ; ils sont blancs,
avec des stries rouges ou roses très-distinctes. — *Magnifique.*

433. C. *Juliana.* (Ecos.)

L'individu qui nous a servi de modèle, pour en faire la
description, était trop petit pour porter une fleur complète ;
cependant cette fleur nous a paru superbe ; bouton oblong, à
écailles calicinales verdâtres ; fleur de 8 centimètres de diamètre, pleine, à fond blanc avec des lignes rouges, les unes
larges, les autres étroites : corolle régulière et très-bien faite,
à cœur rentré ; pétales sur 3 ou 4 rangs, étalés, larges,
arrondis au sommet, assez bien imbriqués ; ceux du centre
sont peu nombreux, petits, et de même imbriqués : tous
sont blancs, striés d'un beau rouge de sang. — *Superbe.*

434. C. *Kings Royal* ou *Spectabilis maculata* des Belges.

Feuilles de différentes dimensions, les unes de 7 centim.
de large sur 1 décimètre de long, d'autres plus grandes,
ovales, presque rondes, horizontales, sommet un peu recourbé, dentées largement. d'un vert obscur ; bouton obtus,

à écailles rayées de noir et de jaune; fleur de plus d'un décimètre de diamètre, pleine, fond blanc avec quelques stries rares d'un rouge pâle; pétales extérieurs sur 1 ou 2 rangs, très-larges, épais, renversés, irrégulièrement disposés et échancrés; ceux de l'intérieur, en anémone, tourmentés, ramassés, courts, larges, nombreux, inégaux, les uns contre les autres, par paquets, et formant par leur ensemble un centre de plus de 7 centimètres de largeur; cette fleur est magnifique.

435. C. *Lineata.*

Feuilles de 6 centimètres de large sur un décimètre de long, arrondies, horizontales, très-acuminées, nervées fortement, d'un vert pareil à celui du C. *Imperialis*; bouton gros, à écailles verdâtres; fleur de 80 millim. de diamètre, pleine, à fond blanc avec des stries longitudinales, d'un rose pâle au milieu des pétales; corolle en rosace ronde, bien étalée; pétales extérieurs, larges, arrondis au sommet, entiers, nombreux, un peu imbriqués, appuyés sur le calice; ceux du centre plus petits, droits, irrégulièrement disposés en paquets distincts, comme dans le *Punctata plena.*— *Superbe.*

436. C. *Lady Henriette.* (Ecos.)

Feuilles de moyenne force, diverses, les unes ovales-allongées, les autres arrondies, d'un beau vert; bouton rond, à écailles verdâtres; fleur de plus de 80 millim. de diamètre, pleine, à fond blanc strié, ou mieux marquée de quelques lignes longitudinales de rose foncé ou cerise clair; corolle régulière, arrondie, à cœur peu relevé, mais droit; pétales extérieurs sur plusieurs rangs, larges au limbe, ovoïdaux, entiers, épais, étalés élégamment et imbriqués; ceux de l'intérieur plus petits, moins imbriqués, peu nombreux, et formant un cœur recoquillé et frisé : tous sont striés de rose ou de rouge, forme du *Lineata.* — *Superbe.*

437. C. *Maculata superba*.

Bouton très-gros, obtus, à écailles calicinales verdâtres; fleur de plus de 9 centimètres de diamètre, pleine, fond blanc rosé, avec quelques stries longitudinales au centre des pétales; corolle en anémone, relevée, ronde, dans le genre du *Punctata major*; pétales extérieurs sur 2 rangs, larges, ronds, entiers, renversés, appuyés inégalement sur le calice; ceux qui les suivent sont entremêlés de grands et de petits, de longs et de courts, les uns tourmentés, les autres plats, ceux-ci étroits, ceux-là larges, tous serrés en groupe irrégulier, comme dans le *Punctata :* au centre on voit quelques étamines stériles. C'est M. Cachet, d'Angers, qui nous a fait connaître cette magnifique fleur.

438. C. *Nobilissima nova*, voy. *Duchesse d'Orléans*.
439. C. *Punctata simplex* ou
440. C. *Single with striped*.

Feuilles de 68 millim. de large sur 30 millim. de long, forme, couleur et dimension du C. *Simple blanc ;* fleur de moyenne grandeur, simple, blanche, striée ou ponctuée de rose. — *Insignifiante.*

441. C. *Platypetala vera*.

Il y a environ 10 ans qu'on a introduit parmi nous le *Camellia platypetala,* mais le commerce l'a tellement confondu avec l'*Imperialis,* qu'on ne le trouve plus sous son véritable nom; nous venons cependant de constater que ce Camellia est tout à fait différent de l'*Imperialis,* et nous citerons MM. Paillet, Amand, Cels et autres, qui sont entièrement de notre avis. Que l'on compare la description suivante avec celle de l'*Imperialis,* et l'on en verra de suite la différence.

Feuilles d'environ 6 centimètres de large sur 8 de long, ovales-arrondies, horizontales; forme, nervures et couleur de celles du C. *Punctata plena ;* bouton ovale rond, aplati au sommet, à écailles blanchâtres ; fleur de 8 à 9 centimètres de diamètre, pleine, à cœur déprimé, fond blanc strié de rouge ; pétales sur 7 ou 8 rangs, de moyenne force, arrondis, échancrés, bien étalés et imbriqués tous avec beaucoup de symétrie de la circonférence au centre ; corolle en rosace ronde, régulière et aplatie. — *Superbe.*

442. C. *Parini.* (Mar.)

Feuilles de 80 millim. de large sur 122 de long, allongées, presque lancéolées, recourbées au sommet, quelques-unes recoquillées, dentées régulièrement et largement, d'un vert très-obscur ; bouton rond, aplati, très-gros, à écailles vertes à la base et blanchâtres au sommet ; fleur d'environ un décimètre de diamètre ; pétales sur 4 ou 5 rangs, ovales-larges, renversés, régulièrement disposés, très-échancrés, imbriqués, fond rose, et marqués irrégulièrement de quelques lignes ou stries verticales d'un rouge foncé ; ceux du centre sont plus petits, nombreux, inégaux, les uns droits, les autres courbés, les uns ovales-allongés, les autres courts et larges, tous serrés en touffe arrondie et irrégulière. — *Superbe.*

443. C. *Picturata.*

Feuilles de 95 millim. de large sur 108 millim. de long, rapprochées, acuminées à leur sommet et arrondies à leur base, ovales, elliptiques, la pointe recourbée en dessous, luisantes ; fleur de 98 millim., sphérique, très-double ; pétales du centre et même de la circonférence recoquillés, sinueux, irréguliers, plissés ; ceux du pourtour entiers, d'un blanc pur, quelques-uns avec des stries rouges ; quelques étamines. — *Superbe.*

444. C. *Pulverulenta.*

Nous doutons que celui-ci soit le véritable *Pulverulenta ;* nous en avons un autre dont les feuilles sont tout à fait dif-férentes. Un jardinier belge qui, malgré lui, dit-on, nous a induit en erreur plusieurs fois, nous l'a donné sous ce nom. Voici sa description : feuilles d'environ 6 centimètres de large sur 9 de long, ovales-oblongues, bien acuminées, recourbées au sommet, un peu recoquillées, d'un vert terne; bouton gros, à écailles noirâtres; fleur d'environ 9 centim. de diamètre, pleine, fond blanc rosé, strié de rouge; pétales extérieurs sur 2 ou 3 rangs, étalés, renversés, larges et échancrés; ceux de l'intérieur très-nombreux, courts, irréguliers et entremêlés de beaucoup d'étamines fertiles. — *Très-jolie.*

445. C. *Regina Galliarum* ou

446. C. *Eclipse.*

Feuilles et bouton semblables à ceux du C. *Imperialis;* fleur de 95 millim. de diamètre, pleine, un peu bombée au centre, fond blanc légèrement taché de rose ; pétales extérieurs renversés avec symétrie, frisés et striés, comme dans la fleur du C. *Imperialis.* On l'appelait autrefois *Eclipse.* Ce sont MM. Baumann qui l'ont nommé C. *Regina Galliarum.* — *Superbe.*

447. C. *Reine d'Angleterre.* (Italien-Mar.)

Feuilles diverses, les unes allongées, les autres arrondies, grandes, dentées légèrement, réclinées, vert très-foncé; bouton rond, à écailles vertes; fleur de plus d'un décimètre de diamètre, pleine, blanche, striée de 3 ou 4 lignes, ou taches de rouge pâle ou rose tendre; pétales extérieurs sur 4 rangs, larges, inégaux, épais, très-nombreux, étalés avec régularité et échancrés : ceux du centre sont groupés par paquets irréguliers, plus petits que les premiers, très-nombreux, les uns sur les autres, et formant un centre très-large et irrégulier — *Superbe.*

448. C. *Spectabilis maculata*, voy. *Kings Royal.*

449. C. *Sabina*.

Feuilles moyennes , ovales-arrondies , peu acuminées ; bouton pyramidal , à écailles vertes ; fleur grande, pleine , d'un blanc carné pâle. — *Superbe.*

450. C. *Spoffortiana*.

Arbrisseau vigoureux , élancé , à rameaux diffus et d'un beau port ; feuilles diverses, les unes de 6 centimètres de large sur 9 de long, les autres plus grandes, toutes plus ou moins arrondies, horizontales, peu nombreuses, épaisses, fortement nervées , dents écartées, d'un vert foncé ; bouton très-gros, à écailles verdâtres ; fleur de plus de 9 centimètres de diamètre, pleine, d'un blanc de lait, avec quelques stries rouges et roses ; corolle dans le genre du *Colvillii.— Superbe.*

451. C. *Tricolor* de *Siébold*.

Arbrisseau vigoureux, beau port et d'une croissance rapide ; feuilles de 54 millim. de large sur 81 millim. de long, arrondies, d'autres plus grandes, sommet aigu et recourbé , horizontales, nervures profondes, nombreuses, vert obscur ; bouton allongé, pointu, à écailles blanchâtres ; fleur d'un décimètre de diamètre, semi-double, à fond blanc pur, quelquefois légèrement rosé, toujours marquée par plusieurs lignes rouge de sang tout le long des pétales ; corolle en rosace, étalée et bien faite , composée de 12 à 15 pétales, qui sont larges, allongés, réguliers, un peu renversés au limbe , imbriqués, chacun marqué de 2 ou 3 lignes de carmin qui vont du limbe à l'onglet. Ces lignes quelquefois assez larges partagent le blanc des pétales en parties égales, ce qui donne un grand relief à la fleur : quelques étamines, dressées avec grâce, se montrent au centre ; les styles sont courts. Appelée *Tricolor*, parce que les bandes qui paraissent sur les pétales du fond blanc sont les unes rouge foncé, les autres rose tendre : elle vient du Japon. — *Magnifique.*

452. C. *Triumphans alba*, voy. *Imbricata alba.*
453. C. *Victoria Antwerpiensis.* (Moëns.)

Feuilles de 6 centimètres de large sur plus d'un décimètre de long, les unes ovales-arrondies, les autres lancéolées, acuminées, d'un vert un peu terne ; bouton ovale-obtus, à écailles jaunâtres ; fleur de 9 décimètres de diamètre, pleine, à fond blanc de lait ; quelques stries rouge de sang marquent les pétales, qui sont arrondis, contournés, échancrés, nombreux, serrés, imbriqués régulièrement de la circonférence au centre ; ceux de l'intérieur sont d'un blanc moins pur ; corolle en coupe évasée. — *Magnifique.*

454. C. *Victoria Italica*, voy. *Reine d'Angleterre.*
455. C. *Waldackii.* (Lef.)

Arbuste rustique, d'un beau feuillage, port élégant ; bouton gros, un peu pointu au sommet, à écailles verdâtres ; fleur grande, simple, blanche, avec des bandes rouge foncé : ce Camellia ne peut devenir de quelque importance qu'autant qu'il rapporterait facilement des graines.

PREMIÈRE GAMME.

Bicolores.

DEUXIÈME DIVISION.

Fond rose strié ou ponctué de rouge-cerise, comme dans le n. 1 du tableau peint.

456. C. *Colvillii vera.*

Arbrisseau très-vigoureux ; feuilles de 86 millim. de large sur 144 millim. de long, larges, ovales-arrondies, peu acuminées, très-dentées, à nervures très-saillantes, épaisses, horizontales, légèrement recourbées en dessous, d'un vert très-foncé; bouton fort gros, à écailles noirâtres au bord et jaunâtres au milieu; fleur grande, de 110 millim., et souvent davantage, de diamètre, fond rose clair, une nuance de plus que le n. 1 et striée d'un rouge-carmin; forme et disposition des pétales comme dans la fleur du C. *Punctata plena*, mais d'une plus grande dimension. — *Magnifique*, odoriférante au soleil.

457. C. *Gray Venus*.

458. C. *Gray*.

459. C. *Eclipse*.

460. C. *Splendida*.

461. C. *Venusta*.

462. C. *Punctata plena*.

Tous ces Camellia sont des sous-variétés qui se ressemblent tellement, qu'il vaudrait mieux n'en faire qu'une seule. Voyez, ci-dessous, C. *Punctata plena*. Toutes ces doubles dénominations nous viennent d'outre-mer.

463. C. *Limbata*.

Feuilles petites, rapprochées, nombreuses, allongées, horizontales, dans le genre de celles du *Swetii* ancien, même vert; bouton moyen, pointu, à écailles calicinales noirâtres; fleur petite, double, à fond rose tendre strié de rouge; pétales extérieurs, 6 ou 7, petits, oblongs, étalés et marqués de stries longitudinales rouge pâle, nombreuses, rapprochées et inégales; ceux de l'intérieur sont droits, petits, et forment un centre allongé.

464. C. *Magterii*.

Feuilles allongées, de 68 millim. de large sur plus de 81 millim. de long, épaisses, à nervures apparentes, dentées

14

inégalement ; bouton ovoïdal, à écailles verdâtres ; fleur de plus de 80 millim. de diamètre, pleine, à fond rose strié ou ponctué de rouge, cerise foncé ; pétales extérieurs sur 3 rangs, larges, en éventail, tourmentés, renversés, échancrés au sommet ; onglet d'un rose plus foncé que celui du limbe, avec des stries, ou mieux des lignes longitudinales inégales, couleur de sang ; ceux de l'intérieur sont nombreux, tourmentés, droits, serrés, oblongs, et formant une corolle à peu près semblable à celle du *Colvilli*. — *Superbe.*

465. C. *Oxriglomana.*

Arbrisseau élancé, doué d'un feuillage superbe ; bouton obtus, à écailles jaunâtres ; fleur de plus de 9 centimètres de diamètre, pleine, fond rose ponctué ou mieux strié de rouge ; pétales nombreux, larges, arrondis, étalés avec grâce, échancrés légèrement au sommet et imbriqués avec beaucoup de régularité de la circonférence au centre ; forme du C. *Imbricata rubra.* — *Magnifique.*

466. C. *Punctata plena.*

Arbrisseau vigoureux et d'un port très-élégant ; feuilles ovales, presque rondes, de 68 millim. de large sur 95 millim. de long, à nervures très-prononcées, très-dentées, d'un vert foncé ; bouton gros, déprimé au sommet, à écailles d'un vert-pomme ; fleur de 80 millim. de diamètre, pleine, à fond rose marqué de lignes rouge cerise n. 1 ; pétales de la circonférence larges, échancrés au sommet et convexes ; ceux du centre petits, allongés et dressés ; formes florales du C. *Imperialis,* mais le mélange de ses couleurs le rend plus apparent. Ce Camellia donne quelquefois des fleurs entièrement rouges ou roses et sans stries. Nous pensons que le C. *Preston eclipse* n'est autre chose que celui-ci, reproduit par la greffe. — *Magnifique.*

467. C. *Punctata major.*

Arbrisseau très-vigoureux ; feuilles larges, ovales, de

près de 108 millim. de longueur sur 95 millim. de largeur , d'un vert luisant foncé , finement veinées, dentées et la pointe recourbée en bas ; fleur de 110 millim. de diamètre, pleine, fond blanc-rosé finement strié ou maculé de rouge-sanguin ; forme du *C. Imperialis* ou *Punctata plena*. — *Magnifique.*

468. C. *Rosa mundi*.

Feuilles dans le genre de celles du *Punctata plena,* mêmes forme, dimension et couleur ; bouton gros, allongé, à écailles jaunâtres ; fleur de 8 cent. de diamètre, double, à fond rose clair strié de rose ; pétales de la circonférence sur cinq rangs, ovales-allongés , de moyenne force , inégaux , irrégulièrement imbriqués, peu nombreux ; ceux de l'intérieur allongés et étroits , de différentes formes, réunis en petit nombre et irrégulièrement disposés, tous comme les premiers, fond rose, striés ou ponctués de rouge. La couleur de cette fleur est tout à fait semblable à celle du *Punctata plena* , mais elle diffère beaucoup en forme et volume. — *Extrémement jolie.*

469. C. *Splendida id*.

470. C. *Venusta id*. Voyez

471. C. *Punctata plena*.

472. C. *Sweetii vera*.

Feuilles de plus de 68 mill. de large sur plus de 95 de long, arrondies, peu acuminées, presque obtuses, distantes, épaisses, fermes, en parasol, nervures profondes, dentées profondément ; bouton gros, obtus, à écailles quelquefois vertes, quelquefois noirâtres à la base et jaunâtres au sommet ; fleur d'environ 1 décimètre de diamètre, pleine, fond rosé tendre, marquée ou ponctuée de nombreuses stries longitudinales de différentes grandeurs et plus ou moins coloriée de carmin. Cette fleur se développe, comme tant d'autres, sous deux formes diverses. Quelquefois ses pétales sont imbriqués avec une admirable régularité du centre à la circonférence, et, dans ce cas, elle est parfaitement régulière ; quelquefois ses pétales extérieurs sont sur deux ou trois rangs, larges, arrondis, renversés avec grâce au limbe, contournés, tourmentés et imbriqués : ceux qui les suivent sont plus nombreux, les uns étalés, les autres droits, les uns de moyenne force et recoquillés, les autres aussi grands que les premiers, dressés, séparés de ceux de la circonférence et offrant par leur ensemble une forme de vase irrégulier à bords retournés, le centre est concave. — *Magnifique.*

PREMIÈRE GAMME.

Bicolores.

TROISIÈME DIVISION.

Fond cerise clair ou foncé, panaché de blanc.

473. C. *Aglae.*

Feuilles de 75 mill. de large sur 85 mill. de long, réfléchies, ovales-arrondies, acuminées ; bouton à écailles vertes ; fleur de 81 mill. de diamètre, double, fond cerise n. 2, souvent uni, parfois panaché de blanc ; étamines mêlées à quelques pétales intérieurs ; fleurit abondamment et facilement. — *Très-jolie.*

474. C. *Adonidea.*

Feuilles à peu près pareilles à celles du *Preston eclipse;* fleur grande, très-double, fond blanc strié de rouge ; forme d'un œillet flamand. Nous pensons que ce Camellia n'est autre chose que le C. *Imperialis.*

475. C. *Antwerpiensis.* (Moëns.)

Feuilles diverses, ovales-arrondies, sommet très-aigu, bo-

rizoutales, nervures très-apparentes, quelques-unes panachées de jaune, régulièrement dentées ; bouton à écailles noirâtres ; fleur de moins de 8 cent. de diamètre, semi-double,
rouge-orangé n. 6 ; pétales larges, peu nombreux, un peu
chiffonnés au limbe, renversés, quelquefois flamboyés de
blanc ; ceux du centre sont en petit nombre, droits, en lanière, tachés de blanc, entremêlés d'étamines fertiles. —
Passable.

476. C. *Brockii*. (Angl.)

Nous n'avons pas sous nos yeux la fleur de cette variété ;
mais M. Keteleèr, sous-directeur des jardins de Fromont, et
M. Lauzeseur, horticulteur distingué de Rennes, nous ont
transmis la description suivante : fleur rouge vif, pleine,
bien faite, panachée de larges raies blanches ; ces raies sont
nettes et bien tranchées, traversent les pétales de bas jusqu'au
haut sans mélange de teinte. *Superbe.*

Ce Camellia a obtenu trois prix, l'an dernier, en Angleterre,
comme le plus beau Seedling (de semence), 1838.

477. C. *Bettina major*. (Cas.)

Fleur de plus d'un décimètre de diamètre, double, d'un rouge
d'abord clair et devenant foncé lorsque la fleur est entièrement épanouie, veinée pourpre ; pétales de la circonférence
sur deux rangs, larges, arrondis, régulièrement placés ; ceux
de l'intérieur sont plus petits, tous groupés ensemble, formant un faisceau large et haut, légèrement striés de blanc ;
quelques étamines en état incomplet décorent le centre et
ajoutent à la corolle un genre de bizarrerie nouvelle qui la
rend *magnifique.*

478. C. *Cariophyllæflora*, voy.
479. C. *Dianthiflora.*

Arbrisseau très-vigoureux, d'un port peu gracieux ; rameaux étalés, recourbés ; feuilles de grandeur ordinaire, un
peu courbées sur les rameaux, ovales-allongées, fortement

veinées ; bouton à écailles noirâtres, allongé, aigu ; fleur large, parfois double ou simple, rouge-cerise n. 2 ; pétales de la circonférence subcordiformes, larges, distants, au nombre de 7 ; ceux du centre plus petits, droits, nombreux, striés de blanc et formant, par leur ensemble, un centre bombé. Les dernières fleurs sont simples et le centre est rempli par des étamines. Cette variété porte graine et a fourni des sous-variétés superbes.

480. C. *Coronata Rosea.*

Feuilles de 68 mill. de large sur 130 de long, ovales-arrondies, un peu acuminées, fortement nervées, profondément dentées, même vert que celui du C. *Imperialis ;* fleur grande, double, bien faite, cerise foncé n. 1 ; pétales extérieurs larges, bien placés, étalés avec grâce, striés ou panachés de blanc ; ceux de l'intérieur plus petits, tourmentés et de même striés ou tachés de blanc. — *Superbe.*

481. C. *Cardinalis* ou

482. C. *Mœncii.*

Feuilles assez grandes, rapprochées, un peu recoquillées, bords très-dentés, à nervures très-apparentes, surface inégale ; bouton oblong, à écailles d'un vert jaunâtre ; fleur semi-double, assez grande, fond cerise n. 1, de quelques nuances plus claires que celle du C. *Variegata plena ;* pétales du centre entremêlés d'étamines fertiles de différentes longueurs ; calice partagé en 4 segments, comme dans le C. *Sophiana ;* les styles surmontent le bouton avant son épanouissement. — *Très-jolie.*

483. C. *Donklari.*

Feuilles de 54 mill. de large sur 110 mill. de long, planes, rapprochées, ovales-oblongues, atténuées aux deux extrémités, dont la supérieure est réfléchie en bas, d'un vert-pomme luisant, régulièrement dentées ; bouton (calice), à 5 divisions vertes, papyracées, roses à la base, larges de 11 millim.

et longues de 18 ; fleur de 100 mill. de diam.; pétales au nombre de 20 environ, larges de 26 mill., longs de près de 54, ovales-oblongs, obtus, entiers, rouge-cerise, n. 1, variés et jaspés de blanc, dont les teintes se fondent et se perdent peu à peu ; le cœur de la corolle composé de 4 ou 6 pétales recoquillés, entre lesquels on aperçoit plusieurs étamines fertiles avec d'autres à l'état pétaloïde. Cette fleur, lorsqu'elle fleurit tard, contient, dans son calice, une quantité d'eau mielleuse, une espèce de sirop sucré qui coule abondamment pendant tout le temps qu'elle reste attachée à son ovaire. — *Magnifique.*

484. C. *Fioniana.*

Feuilles petites, lancéolées ; fleur petite, rouge, panachée de blanc, double : c'est une bizarrerie provenant du C. *Variegata* qu'on a fixé par la greffe. — *Jolie.*

485. *Ferdinandea.* (Mar.)

Feuilles de 44 mill. de large sur 87 de long, allongées, très-acuminées, réclinées, nervures apparentes, finement dentées, d'un vert foncé ; bouton ovale-obtus, à écailles verdâtres ; fleur de 9 cent., double, rouge-cerise foncé n. 1, panachée de blanc ; pétales extérieurs, peu nombreux, renversés tous sur le calice et imbriqués, les uns flamboyés de blanc, les autres panachés ; ceux de l'intérieur, qui sont droits et en petit nombre, renferment une quantité d'étamines fertiles.

486. C. *Lady Adèle Campbell,* voyez *Aglaé.*
487. C. *Melinetti.*

Feuilles de 54 mill. de large sur 86 mill. de long, ovales-arrondies, peu acuminées, fortement nervées, très-dentées, en coquille renversée, formant le parasol ; fleur grande, pleine, d'un beau rouge-cerise n. 3, à pétales bordés et striés d'un blanc pur. — *Superbe.*

488. C. *Marmorata*.

Arbrisseau à rameaux jaunâtres; feuilles ovales-arrondies, fortement dentées; bouton petit, arrondi à la base, un peu aigu au sommet; fleur semi-double, rouge-cerise n. 1, un peu panachée de blanc, ou, pour mieux dire, marbrée de blanc. — *Passable.*

489. C. *Philippe I*er ou
490. C. *Mexicana*. (Sac.)

Feuilles de grandeur moyenne, ovales, un peu lancéolées, d'un vert foncé; bouton ovale-pointu; fleur moyenne, double, rouge-cerise n. 2, panachée de blanc: c'est à peu près la fleur du C. *Fioniana*, un peu plus panachée de blanc et dont l'ensemble est moins coupé. — *Passable.*

491. C. *Parkerii*. (Angl.)

Arbrisseau à branches élancées, d'un beau port et robuste; feuilles de 8 cent. de large sur plus d'un décimètre de long, obrondes, épaisses, légèrement dentées et d'un vert sombre; bouton gros, oblong, à écailles jaunâtres; fleur de 9 cent. de diamètre, souvent davantage, pleine, d'un rouge-cerise clair n. 1, maculée d'un blanc de lait; pétales larges, nombreux, en éventail, bien entassés, imbriqués, inégalement marqués de taches blanches qui donnent un grand relief à la corolle. — *Magnifique.*

492. C. *Rouvroy*.

Feuilles ovales-oblongues, épaisses, peu acuminées, horizontales, dentées profondément; fleur d'environ 9 cent. de diamètre, double, à fond rouge-cerise foncé, panachée largement de blanc; pétales extérieurs sur 2 ou 3 rangs, allongés, étalés, renversés, imbriqués avec peu de régularité; quelques-uns sont entièrement rouges, d'autres maculés de larges bandes blanches, d'autres presque entièrement blancs : ceux de l'intérieur sont en anémone, très-nombreux, pointus, dressés, allongés, étroits, égaux, ayant la forme d'un pepin de melon, et tous d'une couleur rouge clair aux bords et foncé au milieu. Obtenu de semence à Gand, et dédié à M. le comte de Rouvroy, de Lille. — *Superbe.*

493. C. *Variegata plena.*

Arbrisseau très-vigoureux ; feuilles les unes arrondies, les autres lancéolées, planes ou révolutées, très-dentées, à fortes nervures, d'un vert très foncé. Cet arbrisseau rustique atteint promptement une élévation considérable dans tous les climats, et fleurit très-facilement et en peu de temps ; il porte graine quelquefois, surtout lorsqu'il est en pleine terre. De très-belles sous-variétés ont été obtenues de ses graines ; bouton grand, oblong, un peu acuminé au sommet, à écailles toujours vertes ; fleur large de 80 mill. de diamètre, quelquefois davantage, rouge-cerise n. 3, panachée irrégulièrement de blanc ; pétales amples, renversés, les uns échancrés, les autres entiers à leur sommet, quelques-uns au centre redressés et entremêlés d'étamines. En hiver, la fleur est panachée ; au printemps, elle est presque toute rouge. — *Magnifique.*

494. C. *Variegata monstruosa.*

Feuilles à peu près pareilles à celles du C. *Crassinervia ;* bouton gros, obtus, à écailles verdâtres ; fleur grande, double, d'un rouge-cerise n. 2, panachée de blanc. — *Belle.*

495. C. *Versicolor.*

Nous avons, dans notre collection, plusieurs Camellia sous ce nom ; celui dont il est question ici est une plante qui a des feuilles grandes, ovales-arrondies, atténuées au sommet, rapprochées, d'un vert foncé et dans le genre de celles du C. *Chandlerii ;* bouton ovale, à écailles noirâtres ; fleur assez grande, double, d'un rouge-orangé foncé n. 4, à pétales arrondis, ponctués de blanc sur le milieu ; elle ressemble beaucoup à celle du C. *Leana superba;* l'autre, *Versicolor,* a la fleur à peu près comme celle du C. *Variegata plena;* le blanc en est un peu plus régulier; les feuilles sont réfléchies et ont la pointe recourbée en bas.

⚬

DEUXIÈME GAMME.

Bicolores.

PREMIÈRE DIVISION.

—

Fond carné jaunâtre strié de blanc, n. 1 et 2.

496. C. *Bonardii.* (Paillet.)

Feuilles de 5 cent. de large sur 9 de long, ovales-arrondies, presque rondes, horizontales, épaisses, nervures profondes, très-dentées, vert terne, bouton allongé, à écailles verdâtres; fleur de 8 cent. de diamètre, quelquefois de plus de 9, pleine, d'un blanc à reflet carné-rose presque imperceptible. Les premiers rangs des pétales sont en lanière allongée, de moyenne force, renversés également les uns sur les autres, échancrés et imbriqués avec grâce; ceux qui les suivent sont plus petits, même forme, ovales-oblongs, également imbriqués, échancrés; corolle en rosace régulière, parfaitement ronde : une strie rouge foncé ou rose marque peu distinctement quelques-uns des pétales. Cette fleur est quelquefois irrégulière et dans les formes de l'*Imperialis.* *Très-jolie.*

497. C. *Estherii.* (Smith.)

Feuilles de 54 mill. de large sur 95 de long, ovales-oblongues, nervures prononcées et fortement dentées, d'un vert foncé et luisant; fleur très-grande, d'un décimètre et 35 mill. de diamètre, pleine, couleur rosée ou chair pâle, panachée et striée de lignes rose foncé. Cette fleur est extrèment élégante dans toutes ses formes. — *Magnifique.*

498. C. *Sweetia* ancien.

Feuilles de 54 mill. de large sur 68 de long, ovales-oblongues, très-peu acuminées, nervures profondes, dents émoussées, d'un vert pâle; bouton ovale, à écailles verdâtres; fleur d'environ 8 cent. de diamètre, semi-double, à fond carné orangé, pâle comme dans le n. 2 de cette gamme; pétales peu nombreux, disposés sur trois rangs, veinés verticalement, ou plutôt jaspés de rouge-orangé n. 3. Les bords sont marginés de blanc, quelques-uns doublement échancrés au sommet; ceux du centre petits, cinq ou six étroits, dressés, de la même couleur que les autres, et entremêlés de quelques étamines stériles. — *Charmante.*

DEUXIÈME GAMME.

Bicolores.

DEUXIÈME DIVISION.

Fond rouge orangé, clair ou foncé, strié ou panaché de blanc.

499. C. *Chandlerii striata,* voyez C. *Chandlerii.*

500. C. *Cunninghami mutabilis.*

Feuilles ovales, larges, légèrement acuminées, finement dentées; fleur assez grande, double, fond orangé foncé n. 7; pétales disposés avec grâce, imbriqués et de différentes grandeurs, profondément échancrés au sommet, quelques-uns marqués de lignes croisées d'un blanc pur ; quelques étamines au centre. — *Très-jolie.*

501. C. *Coccinea major,* voyez *Leana superba.*
502. C. *Imbricata tricolor.*

Nous possédons deux Camellia sous ce nom : le premier nous vient de M. Knight, de Londres : il diffère peu, par son feuillage, du *C. Imbricata rubra;* sa fleur est bien imbriquée, double et d'un rouge-orangé foncé taché de blanc; au centre, il y a quelques étamines. — *Très-belle.*

Le second est une variété qui a été importée par M. Siébold : sa fleur est semi-double, très-bien faite, grande et nuancée de plusieurs variétés de rouge et de rose. — *Très-belle.* Voir *C. Tricolor.*

503. C. *Loukiana.*

Arbrisseau vigoureux, d'un beau port ; fleur très-double, d'un beau rouge-orangé n. 3 ; les pétales du centre dressés et recoquillés, parfois striés d'un peu de blanc, ce qui donne à la fleur une forme et un aspect très-agréables ; quelquefois la fleur tout entière est panachée de blanc. — *Magnifique.*

504. C. *Leana superba* ou *Coccinea major.* (Siéb.)

Arbrisseau élancé, à rameaux diffus, bois rougeâtre ; feuilles de 54 millim. de large sur 80 de long, arrondies, presque cordiformes, un peu acuminées, glabres, d'un vert foncé et luisant ; bouton d'abord petit, ensuite fort gros, oblong, à écailles verdâtres ; fleur grande, de plus de 120 millimètres de diam., très-pleine, d'un rouge-orangé foncé n. 4 ; pétales sur 7 ou 8 rangs, longs de 32 millim. et très-larges, en coupe, bien imbriqués, échancrés légèrement, nuancés de rose au limbe, quelquefois d'un rouge uni, quelquefois maculés de bandes blanches; vers le milieu ceux de l'intérieur sont groupés par paquets inégaux.

Chaque paquet renferme dans son centre particulier quelques étamines à style très-court, grosses et fertiles; corolle en coupe évasée, faite avec une régularité et une grâce telles, qu'on peut nommer cette fleur incomparable. — *Magnifique*.

505. C. *Master double-red*.

Feuilles assez grandes, ovales-obtuses, roulées en dessous, d'autres inclinées vers la tige, à fortes nervures, d'un vert foncé; bouton de moyenne grandeur, à écailles calicinales jaunâtres; fleur grande, double, d'un rouge-orangé n. 4, quelquefois aussi panachée de blanc. — *Très-jolie*.

506. *Priestley's Victoria*.

Nous ne possédons pas encore cette superbe variété, mais nous sommes en mesure de l'avoir aussitôt qu'elle sera disponible. En attendant, afin de la faire connaître du public, nous transmettons ici les renseignements que nous a communiqués, sur cette plante, notre honorable collègue M. Alex. Verschaffelt, horticulteur à Gand, rue du Chaume, n° 50.

Le Camellia *Priestley's Victoria* est une fleur magnifique qui a été couronnée aux expositions de Londres, à l'unanimité des membres du jury. Cette variété a fait l'admiration des amateurs et des horticulteurs de cette capitale, où elle a été considérée comme la fleur la plus parfaite de l'espèce. Sa grandeur n'est pas extraordinaire: mais ses formes, ses contours, sa régularité lui donnent des qualités toutes particulières. Son coloris est un carmin des plus brillants ; tous les pétales sont rubanés d'un beau blanc pur relevé par un disque blanchâtre.

Le C. *Priestley's Victoria* a été obtenu, de semis, par

M. Priestley de Browley, canton de Kent, et M. Alex. Verschaffelt, qui s'empare toujours le premier de tout ce que l'horticulture sait produire de rare et de beau, en est devenu le seul propriétaire, moyennant une somme énorme qu'il a payée à M. Priestley.

Désireux de procurer au public la jouissance de cette belle variété, M. Verschaffelt l'offre aux amateurs au moyen d'une souscription de 110 numéros ou lots, chacun de 125 fr.; le tirage se fera au mois de juin 1841, au *Grand Casino* de Gand, en présence des souscripteurs qui voudront y assister. Les souscripteurs pourront compter sur une plante saine et bien portante, qui aura de 24 à 30 centim. de hauteur. Une souscription particulière, en raison de 250 francs par lot, sera ouverte pour dix autres pieds de la même variété, qui auront au moins 50 centim. de hauteur.

Nous engageons fortement les grands amateurs et les jardiniers de la capitale et étrangers à y souscrire, et, si notre exemple peut les y décider, nous les prévenons que nous sommes déjà inscrits les premiers.

507. C. *Queen Victoria vera*, voyez *Priestley's*.
508. C. *Warrata flammula*.

Feuilles assez grandes, ovales-arrondies, un peu lancéolées, d'un vert assez terne; bouton oblong, à écailles jaunâtres; fleur large, de 95 millim. de diam., rouge-orangé foncé n. 3; pétales de la circonférence au nombre de 6 ou 7, larges, échancrés au sommet, bord réfléchi; ceux de l'intérieur ne sont que des étamines pétaloïdes; porte-graine. — *Jolie*.

ÉPILOGUE.

Ici se terminent nos observations sur le genre Camellia. Nous avons fait tous nos efforts pour être clair et exact dans ce travail, qui n'a pas laissé d'être aride et pénible ; c'est au suffrage des horticulteurs éclairés et consciencieux à nous apprendre si nous avons réussi : tout en le sollicitant, nous nous devons à nous-même de déclarer ici qu'aucun motif de spéculation ou d'amour-propre n'a dirigé notre plume, mais seulement le vif désir d'être utile au plus grand nombre.

Enfin nous devons déclarer que nous ne regardons ce travail que comme la base sur laquelle une plume plus habile pourra élever un monument plus solide et plus digne de la science de l'horticulture : on désapprouvera peut-être la hardiesse de notre entreprise, on pourra même la blâmer ; mais nous acceptons d'avance tout blâme, si nous avons été assez heureux pour rendre service à l'horticulture, et nous remercions même d'avance tout aristarque dont la critique pourrait servir à éclairer davantage le public, pour qui nous avons écrit, car notre devise a été et sera toujours :

L'intérêt général avant tout.

TABLEAU SYNOPTIQUE

Indiquant la couleur du Camellia, son nom, la forme de sa fleur,
l'espèce ou la variété qui lui a donné naissance, le lieu de son origine,
et l'époque de son introduction en Europe.

—

Nota. L'astérisque marque les espèces.

=

Fleurs unicolores.

BLANC (page 73).

NOM DU CAMELLIA.	FORME.	ESPÈCE OU VARIÉTÉ.	EUROPE.	INTRODUCTION.
Alba simplex.	rég. simple.	rouge simple.	Europe.	Angleterre. 1812.
— plena.	rég. pleine.	inconnu.	Japon.	— 1792.
Amabilis.	rég. simple.	rouge simple.	Europe.	— 1825.
* Axillaris vera.	irrég. simp.	espèce.	Chine.	— 1820.
Anemone fl. alb. pl.	irrég. pleine	warrata.	Europe.	— Chandler.
— warrata carnea.	irrég. pleine	id.	id.	
Calypso.	irrég. doub.	anemonefl.	id.	Italie, Mariani.
Campsii.	rég. pleine.	id.	id.	Angleterre.
Cassellii.	irrég. doub.	warrata.	id.	Allemagne.
Conchiflora alba.	irrég. doub.	alba simple.	id.	Italie, Casoretti.
Claritas.	irrég. pleine	warrata.	id.	Angleterre.
Chrysanthemiflora	irrég. doub.	pomponia.	id.	Paris.
Candidissima.	rég. pleine.	inconnu.	Japon.	1830 Siébold.
Compacta.	irrég. doub.	pinck.	Europe.	— Teoting, Anglet.
Curvatheæfolia.	rég. double.	inconnu.	id.	Angleterre. 1833.
Drouard-Gouillion	irrég. pleine	warrata.	id.	1839 France.
Delectabilis.	irrég. pleine	pinck.	id.	1836.
* Euryoides.	rég. simple.	espèce.	Chine.	Angleterre. 1830.
Excelsa.	irrég. doub.	alba simple.	Europe.	— 1830 Rollisson.
Fenestrata alba.	rég. pleine.	id.	id.	Italie.
Fimbriata.	rég. pleine.	inconnu.	Japon.	— 1816.
Gallica alba.	irrég. doub.	pinck.	Europe.	France. 1830.
— grandiflora.	rég. double.	alba simple.	id.	Italie.
Grunelli.	irrég. doub.	warrata.	id.	Id. 1834.
Gardeniæflora.	irrég. doub.	alba plena.	id.	— 1832.
Heteropetala alba.	irrég. doub.	warrata.	id.	Angleterre. 1834.
Haylokii.	irrég. pleine	id.	id.	Id.
Harrisonii.	rég. pleine.	inconnu.	Amérique.	New-York, Harris. 1838.
* Kissi.	rég. simple.	espèce.	Chine.	Angleterre. 1825.
Lucina plena.	rég. pleine.	pinck.	Europe.	Italie. 1838.
Lacteola.	irrég. doub.	warrata.	id.	— 1830.
Londinensis alba.	irrég. doub	alba simple.	id.	Londres.

NOM DU CAMELLIA.	FORME.	ESPÈCE OU VARIÉTÉ.	ORIGINE.	INTRODUCTION.
Leucantha.	irrég. doub.	inconnu.	Amérique.	New-York, Floy. 1837.
Maria Dorothea.	rég. pleine.	rouge simple	Europe.	France, Baumann 1838.
Nivea ou Virg. alb.	irrég. s.-d.	inconnu.	id.	Belgique.
Nivea vera.	irrég. s.-d.	pinck.	id.	Italie. 1835.
Nivalis de Loddiges	irrég. doub.	warrata.	id.	Angleterre. 1830.
Nobilissima.	irrég. pleine	pinck.	id.	Belg., Lefèvre. 1834.
* Oleifera.	rég. simple.	espèce.	Cochinch.	Angleterre. 1810.
— plena.	irrég. s.-d.	oleifera.	Europe.	Italie, Mar. 1834.
Oleæfolia.	rég. simple.	id.	Chine.	Angleterre. 1810.
Palmerii alba ou Pomponia s.-pl.	rég. s.-d.	pomponia.	Europe.	— 1815.
— plena.	irrég. pleine	inconnu.	Japon.	— 1810.
Rollissoni.	irrég. doub.	alba simple.	Europe.	Angl. 1830, Rollisson.
Stephani.	irrég. doub.	id.	id.	Italie.
* Sassanqua.	rég. simple.	espèce.	Chine.	— 1810.
Splendens alba.	irrég. doub.	warrata.	Europe.	Paris.
Splendidissima.	irrég. pleine	var. pleine.	id.	Paris, l'ab. Berlèse 1835
Triphosa vera.	irrég. doub.	pinck.	id.	France, Baumann 1837.
Venusta alba.	irrég. doub.	alba simple.	id.	Italie.
Weymaria.	rég. s.-d.	pomponia.	id.	Allemagne Weymar.
Welbancksiana ou Heptangularis.	irrég. doub.	id.	Chine.	Angleterre, Welbancks.
Wadii.	rég. pleine.	pinck.	Europe.	Ecosse. 1834.
Waldackii.	rég. simple.	id.	id.	Belg., Lefèvre. 1834.
Weithe Warrath.	rég. double.	inconnu.	Amérique.	Hay.

PREMIÈRE GAMME.

—

Fleurs unicolores.

ROSE CLAIR (page 89).

Couleur dominante : Laque mêlée avec plus ou moins de vermillon et de jaune de Naples, comme dans les numéros 2, 3 et 4 du tableau peint.

Aitonia ou Amplissima.	rég. simple.	rouge simple	Europe.	Angleterre, Aïton.
Admirabilis.	irrég. doub.	id.	id.	Italie, Mar. 1834
Americana.	rég. pleine.	id.	Amérique.	Philadelph., Dunlop.
Apollina.	irrég. doub.	pinck.	Europe.	Italie, Milan.
Amerstia vera.	irrég. doub.	warrata.	id.	Angleterre.
Arnoldii.	irrég. doub.	rouge simple.	Amérique.	New-York, Har.
Amabilis plena.	rég. double.	pinck.	id.	Id. Smith.
Barni ou Carswelliana.	rég. pleine.	id.	Europe	Italie.
Carswelliana.	rég. pleine.	pinck.	id.	Italie.
Coloured.	rég. simple.	rouge simple.	id.	Angleterre.
Cœlestina.	rég. double.	alba simple.	id.	Ecosse.

NOM DU CAMELLIA.	FORME.	ESPÈCE OU VARIÉTÉ.	ORIGINE.	INTRODUCTION.
Crewii ou Glor. Angl.	irrég. doub.	papaveracea.	Europe.	Anglet., lord Crew.
Color di lacca.	rég. pleine.	pinck.	id.	Italie, Sacco.
Dahleni.	irrég. doub.	id.	id.	Belgique.
Dahliæflora.	irrég. s.-d.	expansa.	id.	Italie, Milan.
Emelie grandiflora.	irrég. doub.	pinck.	id.	Écosse.
Expansa.	irrég. s.-d.	id.	id.	Angleterre.
Fasciculata.	irrég. doub.	id.	id.	Italie, Milan. Sacco.
— nova.	irrég. pleine	id.	id.	Belgique, Cachet.
Gloria Angliæ.	irrég. doub.	papaveracea.	id.	Angleterre, lord Crew.
Grand Alexandre.	irrég. doub.	pinck.	id.	Italie, Mar.
Goussonia.	rég. double.	id.	id.	Italie, Naples.
Hallesia vera.	irrég. doub.	expansa.	id.	Angleterre.
Hendersonii.	rég. double.	inconnu.	id.	Écosse, Henders.
Heterophylla.	irrég. s.-d.	expansa.	id.	Italie.
Hexangularis.	irrég. doub.	id.	id.	Italie, Milan.
Kingston rosea.	rég. pleine.	warrata.	id.	Angleterre.
Jacksonii ou Landrethii.	rég. pleine.	inconnu.	Amérique.	Philadelph., Landreth.
Louise Tamponet.	irrég. doub.	id.	Europe.	Paris, Tamponet.
Lindleya.	irrég. s.-d.	variegata.	id.	Angleterre, Lindley.
Makeyana.	irrég. doub.	pinck.	id.	Id.
Marquise d'Exeter.	rég. pleine.	id.	id.	Angleterre, Jersey.
Niobé.	irrég. doub.	pinck.	Europe.	Italie, Mar.
Ornata vera.	irrég. pleine	warrata.	id.	Angleterre.
Punctata rosea.	irrég. doub.	id.	id.	Angleterre, Lindley.
Philadelphica.	irrég. doub.	inconnu.	Amérique.	Philadelphie. Smith.
Paride.	irrég. pleine	variegata.	Europe.	Italie. Mar.
Pictorum rosea.	rég. pleine.	warrata.	id.	Id. Sacco.
Pæoniæflora rosea.	irrég. pleine	inconnu.	Chine.	Angl. 1810. Hampden.
Pinck.	irrég. s.-s.	rouge simple.	Japon.	Angl., id. mi. m. Turn.
Perle des camellia.	irrég. doub.	pomponia.	Europe.	Id.
Pulcherrima ou Rolleni.	irrég. doub.	aitonia.	id.	Angleterre, Chandler.
Rosea plena.	irrég. doub.	expansa.	id.	Belgique.
Rosetta.	irrég. pleine	id.	id.	Italie.
Roseana.	irrég pleine.	warrata.	id.	Angleterre.
Rosa triumphans.	irrég. doub.	rouge simple.	id.	Belgique.
Rosæflora nova.	rég. pleine.	pinck.	id.	Italie.
Resplendens.	irrég. pleine	warrata.	id.	Angleterre. 1833.
Sinensis rosea.	irrég. doub.	expansa.	id.	Angl., Wauxhall Nurse.
Spectabilis.	irrég. doub.	pinck.	id.	Paris. 1830.
Sacco.	rég. pleine.	id.	id.	Italie, Sacco.
* Sassanqua rosea.	irrég. pleine	espèce.	Chine.	Angl. 1826, cap. Rawes.
Theresiana.	irrég. doub.	pinck.	Europe.	Allemagne.
Various color. ou Venosa.	irrég. pleine	id.	id.	Id.
Virginica.	irrég. doub.	rouge simple.	id.	Belgique.
Wiltonia.	irrég. doub.	id.	id.	Angleterre.
Wilbrohamia.	irrég. doub.	pinck.	id.	Id.
Woodsii.	rég. pleine.	pinck.	id.	Angleterre, Wood.

PREMIÈRE GAMME.

—

ROUGE CERISE CLAIR (page 105).

Couleur dominante : Laque carminée, mêlée avec de la laque rose et vermillon, comme dans les numéros 1, 2 et 3 du tableau peint.

NOM DU CAMELLIA.	FORME.	ESPÈCE OU VARIÉTÉ.	ORIGINE.	INTRODUCTION.
Aucubæfolia.	irrég. doub.	rouge simple.	Europe.	Angleterre. 1818.
Augusta.	irrég. doub.	corallina.	id.	Id.
Augusta superba.	irrég. s.-d.	aitonia.	id.	Belgique.
Ami Cachet.	irrég. doub.	rouge simple.	id.	Angers.
Amœna.	rég. double.	id.	id.	Italie.
Apunga.	irrég. doub.	id.	id.	Allemagne.
Agresia.	irrég. doub.	pinck.	id.	Italie.
Aluntii superba.	irrég. doub.	rouge simple.	id.	Angleterre. 1820.
Acutipetala.	irrég. doub.	id.	id.	Italie.
Buckliana.	irrég. doub.	anemonefl.	id.	Id.
Belle Rosalie.	irrég. doub.	pinck.	id.	France.
Brocksiana.	irrég. s.-d.	id.	id.	Angleterre.
Belle Henriette.	irrég. doub.	expansa.	id.	France.
Bucksii.	irrég. s.-d.	rouge simple.	id.	Angleterre.
Berlesiana rubra.	irrég. doub.	coccinea.	id.	Paris, l'ab. Berlèse 1831.
Blow.	irrég. doub.	rubra simple.	id.	Angleterre.
Becks conspicua.	rég. double.	aitonia.	id.	Id.
Bucktiana.	irrég. doub.	pinck.	id.	Belgique.
Blanda.	irrég. doub.	warrata.	id.	— Angleterre.
Baumanni.	rég. double.	var. plena.	id.	Italie, Plais., Calciati B.
Borghesiana.	irrég. doub.	rouge simple.	id.	Angleterre. 1835.
Bruggmanni.	rég. pleine.	var. plena.	id.	Angleterre.
Crassinervia.	irrég. doub.	pinck.	id.	— Chandler.
Crassinervis de Chandler.	irrég. doub.	id.	id.	— 1830.
Cliviana.	irrég. pleine	papaveracea.	id.	Id.
Chamlerii.	irrég. doub.	splendens.	id.	Id.
Conchiflora.	irrég. doub.	expansa.	id.	Id.
Conchiflora nova.	irrég. doub.	rouge simple.	id.	Italie, Milan.
Colombo.	rég. double.	Augusta.	id.	Italie, Mil., Mar. 1838.
Calciati.	irrég. doub.	rouge simple.	id.	— Plaisance, Calciati.
Cramoisina Parmentieri.	irrég. doub.	id.	id.	Belg., Parment. 1833.
Celsiana.	irrég. simp.	id.	id.	Angleterre.
Charles-Auguste.	irrég. s.-d.	warrata.	id.	Id.
Conchata.	rég. simple.	rouge simple.	id.	Italie.
Cummingii.	irrég. doub.	pinck.	id.	— Milan, Casor.
Candiansii.	rég. pleine.	inconnu.	id.	France. 1839.
Colla.	irrég. doub	rouge simple.	id.	Italie.
Carolus.	rég. double.	coccinea.	id.	Allemagne.
Comptoniana.	irrég. s.-d.	pinck.	id.	Angleterre.
Coronata de Low.	irrég. doub.	id.	id.	Id.
Darius.	irrég. pleine	id.	id.	Italie.
Decora vera.	rég. double.	pinck.	id.	Milan, Mar.

NOM DU CAMELLIA.	FORME.	ESPÈCE OU VARIÉTÉ.	ORIGINE.	INTRODUCTION.
Dorsetti ou	rég. pleine.	coccinea.	id.	Angleterre.
Parthoniana.	irrég. pleine	rubra plena.	id.	Angl. et Belgique.
Dianthiflora.	rég. simple.	warrata.	id.	Id. 1822.
Diana.	irrég. doub.	id.	id.	Italie, Milan.
Excelsiana.	irrég. doub.	pinck.	id.	Belgique.
Exoniensis.	irrég. doub.	var. plena.	id.	Angleterre.
Elegans Chandlerii.	rég. pleine.	corallina.	id.	— Chandler.
Elegantissima.	irrég. pleine	warrata.	id.	Id.
Elegans.	rég. simple.	rouge simple.	id.	Belgique.
Emper. d'Autriche	irrég. doub.	coccinea.	id.	L'abbé Berlèse. 1833.
Florida.	rég. double	id.	id.	Angleterre.
Fascicularis.	irrég. doub.	rouge simple.	id.	Id.
Flaccida.	rég. simple.	id.	id.	Italie.
Floy.	rég. pleine.	variegata.	Amérique.	New-York.
Fordii.	irrég. doub.	inconnu.	Japon.	Angleterre.
Fulgentissima.	irrég. doub.	pinck.	Europe.	Belgique.
Formosa.	rég. double.	rubra plena.	id.	Angleterre.
Formosissima.	rég. pleine.	var. plena.	id.	Belgique.
Fasciculata novis-sima.	irrég. pleine	pinck.	id.	Italie.
Fraserii rubra.	rég. pleine.	inconnu.	Japon.	Angleterre. 1834.
Floy de Loddigges.	rég. pleine.	id.	Amérique.	New-York, Floy.
Gigantea.	rég. pleine.	rubra plena.	Europe.	Angleterre. 1834.
Grandiflora sim-plex.	rég. simple.	rouge simple.	id.	Id.
Gloriosa.	irrég. doub.	warrata.	id.	Belgique.
Grand Frédéric.	rég. pleine.	var. plena.	Amérique.	New-York. Floy.
Heterophylla nova.	rég. pleine.	inconnu.	Europe.	Paris.
Hallesia.	irrég. doub.	rouge simple.	id.	Angleterre.
Husseyussoni.	irrég. s.-d.	coccinea.	id.	Id.
Hibbertia.	irrég. s.-d.	rouge simple.	id.	Id.
Henri Favre.	rég. pleine.	inconnu.	id.	France, Nantes, Favre.
Herbertii.	irrég. s.-d.	rouge simple.	id.	Angleterre.
Humboldtiana.	irrég. doub.	var. plena.	id.	Allemagne.
Hybrida colorata.	irrég. doub.	pinck.	id.	Pays-Bas.
Hélène.	rég. double.	warrata.	id.	Milan, Sacco.
Imbricata.	rég. pleine.	inconnu.	Chine.	Angleterre. 1829.
Insignis alba.	rég. simple.	dianthiflora.	Europe.	Id.
— de Tat.	irrég. s.-d.	pinck.	id.	Id.
— rubra.	rég. simple.	anemonefl.	id.	Id.
Knightii eximia.	irrég. s.-d.	pinck.	id.	Angleterre.
Lefevriana.	irrég. pleine	id.	id.	Belgique.
Lechiana nova.	irrég. doub.	id.	id.	Italie.
Leonardii.	irrég. doub.	aitonia.	id.	Id.
Lindbria vera.	irrég. doub.	rubra simple.	id.	L'abbé Berlèse.
Lockerii.	rég. pleine.	pinck.	id.	Allemagne.
Ludovica.	irrég. doub.	id.	id.	Italie.
Latifolia nova.	irrég. doub.	stamin. simp.	id.	Angleterre 1830.
— macrantha.	irrég. doub.	pinck.	id.	Id.
Lambertii.	rég. simple.	rouge simple.	id.	Belgique.
Lady Grafton.	irrég. pleine	var. plena.	id.	Ecosse.
Lombardii.	irrég. pleine	id.	id.	Italie, Milan.
Macrophylla.	rég. double.	papaveracea.	Europe.	Italie.
Malibrani.	irrég. doub.	aitonia.	id.	— Sacco.
Monstrosa italica.	irrég. doub.	argentea.	id.	Id.

NOM DU CAMELLIA.	FORME.	ESPÈCE OU VARIÉTÉ.	ORIGINE.	INTRODUCTION.
Miss Rosa.	irrég. s.-d.	pinck.	Europe.	Angleterre.
Magniflora simp.	rég. simple.	rouge simple.	id.	Paris, Tamponet.
Mutabilis Traversii	rég. pleine.	id.	id.	Milan, Cas.
Mirra.	irrég. pleine	pinck.	id.	— Sacco.
Nannetensis.	irrég. doub.	rouge simple.	id.	Angleterre.
New-imported.	irrég. pleine	carolina.	id.	Id.
Oxriglomana sup.	rég. pleine.	aitonia.	id.	Allemagne.
Osburnea.	rég. simple.	argentea.	id.	Belgique.
Oxoniensis.	irrég. pleine	pinck.	id.	Angleterre.
Ornata.	irrég. doub.	warrata.	id.	Id.
Palmer's carnea.	rég. pleine.	id.	id.	Id.
— Cavandesi.	rég. pleine.	id.	id.	Id.
Percyæ.	rég. simple.	rouge simple.	id.	Angleterre.
Pennicillata.	irrég. s.-d.	papaveracea.	id.	Belgique.
Parthoniana.	irrég. pleine	variegata.	id.	— Moëns.
Preston eclipse.	irrég. pleine	punctata sim.	id.	Angleterre.
Paradoxa.	rég. simple.	rouge simple.	id.	Id.
Pulchella.	irrég. doub.	pinck.	id.	Belgique.
Pæoniæflora rubra.	irrég. pleine	inconnu.	Japon.	Angleterre.
Parcksii striped.	irrég. doub.	pinck.	Europe.	Id.
Palmerii rubra.	irrég. doub.	id.	id.	Id.
Pretiosa.	rég. pleine.	warrata.	id.	Belgique, Moëns.
Pinck amplissima.	irrég. doub.	rouge simple.	id.	Italie.
Pompadoura magna.	irrég. doub.	id.	id.	— Calciati Borghi.
Prattii.	rég. pleine.	inconnu.	Amérique.	Philadelph., Buist.
Pluton.	rég. pleine.	aitonia.	Europe.	Italie, Mar.
Pherwordii.	rég. pleine.	inconnu.	Amérique.	Philadeph.
Plumaria.	rég. simple.	rouge simple.	Europe.	Belgique.
Reine des Pays-Bas.	irrég. doub.	id.	id.	Allemagne.
Radiata.	rég. pleine.	coccinea.	id	Id.
Rosa sinensis.	rég. double.	pinck.	id.	Angl., Wauxhall Nurse.
Rosea splendida.	irrég. pleine	coccinea.	id.	Id.
* Reticulata.	irrég. s.-d.	espèce.	Chine.	Id., cap. Rawes. 1824.
Rubricaulis.	rég. s.-d.	rubra simplex	Europe.	Id.
Rosa punctata.	irrég. doub.	aitonia.	id.	Id.
Rosæflora.	irrég. doub.	coccinea.	id.	Belgique.
Rotundiflora.	irrég. doub.	pinck.	id.	Italie.
Regalis.	irrég. pleine	warrata.	id.	Angleterre.
Scintillans.	irrég. doub.	pinck.	id.	Id.
Sericea vera.	irrég. pleine	corallina.	id.	Id.
Sterope.	irrég. pleine	id.	id.	Italie, Mars.
Spiralis.	irrég. doub.	pinck.	id.	Id.
Sarniensis.	rég. pleine.	inconnu.	id.	France, Nantes.
Superba.	rég. s.-d.	rouge simpl.	id.	Belgique.
Striped major.	irrég. pleine	variegata.	id.	Angleterre.
Staminea simpl.	rég. simple.	id.	id.	Id.
Sophiana.	irrég. doub.	rubra simple.	id.	Paris, Mothière
Spathulata.	rég. simple.	id.	id.	Angleterre.
Thumbergia	irrég. doub	coralin.	id.	Id.
Triumphans.	irrég. pleine	pinck.	id.	Id.
Tempest.	rég. simple.	rouge simple.	Amérique.	New-York. Har.
Vandesia carnea.	irrég. pleine	inconnu.	Europe.	Angleterre.
Vilmorgiana.	irrég. pleine	rouge simple.	id.	Belgique.

NOM DU CAMELLIA.	FORME.	ESPÈCE OU VARIÉTÉ.	ORIGINE.	INTRODUCTION.
Virginica americ.	rég. pleine.	inconnu.	Amérique.	New-York, Floy.
Venustissima.	irrég. doub.	rouge simple.	Europe.	Allemagne.
Warrata striata.	rég. double.	warrata.	id.	Belgique.
Woodsiana.	irrég. s.-d.	rouge simple.	id.	Id.
Washingtoniana.	rég. pleine.	inconnu.	Amérique.	New-York, Floy.
Wallichii.	irrég. pleine	pæoniæfl.	Europe.	Ecosse.
Youngii.	irrég. pleine	pinck.	id.	Angleterre.

PREMIÈRE GAMME.

—

ROUGE CERISE FONCÉ (page 152).

Couleur dominante : Carmin mêlé avec plus ou moins de vermillon, comme dans les numéros 4, 5, 6 et 7 du tableau peint.

==

Alexandriana.	irrég pleine	warrata.	Europe.	Angers, Cachet. 1833
Althææflora.	irrég. doub.	rubra plena.	id.	Angleterre.
Atroviolacea.	rég. simple.	rouge simple.	id.	Id.
Anemone mutabil.	rég. pleine.	corallina.	id.	Id.
— var. rosea.	irrég. pleine	warrata.	id.	Angleterre, Lon.
Blacburniana.	rég. double.	id.	id.	Angleterre.
Bruxelliensis.	rég. s.-d.	rouge simple.	id.	Belgique.
Berlesiana fulgens.	rég. double.	coccinea.	id.	Paris, l'abbé Berlèse.
Bianchi.	irrég. pleine	pinck.	id.	Italie, Caso.
Bostonia, Floy.	rég. double.	inconnu.	Amérique	Boston.
Coccinea.	rég. double.	rouge simple.	Europe.	Angleterre.
Concinna.	rég. pleine.	coccinea.	id.	Id.
Clintonia.	rég. simple.	warrata.	Amérique.	Floy.
Corallina.	rég. double.	rubra plena.	Europe.	Angl., Chandler. 1819
Cruenta.	rég. simple.	warrata.	Amérique.	Floy.
Dahliæflora ignea.	irrég. doub.	pinck.	Europe.	Italie.
Duc d'Orléans.	irrég. pleine	variegata.	Europe	Paris, Tamponet.
Drummundii.	rég. double.	pinck.	id.	Angleterre.
Dark fulgens.	rég. pleine.	inconnu.	id.	Id.
Dilecta.	irrég. doub.	pinck.	id.	Id.
Dernii ou Augusta.	irrég. pleine	rouge simple	id.	Id.
Egertonia.	rég. double.	rubricaulis.	id.	Id.
Epsomiana.	irrég. pleine	rouge simple.	id.	Id.
Elphinstonia.	rég. double.	warrata.	id.	Id.
Exquisita.	rég. pleine.	rubra simpl.	id.	Belgique, Moens.
Fimbriata rubra.	rég. pleine.	id.	id.	Id.
Francofurtensis.	rég. pleine.	inconnu.	id.	Francfort, Kins.
Flammeola super	rég. double.	rubra simpl.	id.	Belgique.
Flammea.	irrég. doub.	id.	id.	Angleterre
Fulgida.	rég. simple.	id.	id.	Id
Fulgens.	rég. simple.	id.	id.	Id.
Gillesii.	irrég. pleine	corallina.	id.	Ecosse. 1834.
Graya vera.	irrég. pleine	rouge simple	id	Angleterre.

NOM DU CAMELLIA.	FORME.	ESPÈCE OU VARIÉTÉ.	ORIGINE.	INTRODUCTION.
Gubernativa.	rég. pleine.	warrata.	Europe.	Milan, Mariani.
Griffini plena.	irrég. pleine	id.	id.	Belgique.
Hosackia.	rég. double.	variegata.	Amérique.	Floy.
Heugmaniana.	rég. s.-d.	rouge simple.	Europe.	Angleterre.
Hexangularis mo.	rég. double.	coccinea.	id.	Id.
Insignis purpurea.	rég. simple.	warrata.	id.	Angleterre.
Ignea.	irrég. doub.	rubra simple.	id.	Italie.
Johnsonii.	irrég. s.-d.	id.	id.	Id.
Knightii.	rég. simple.	warrata.	id.	Angleterre.
Kermesina.	irrég. doub.	rouge simple.	id.	Allemagne.
Lucida.	rég. double.	id.	id.	Angleterre.
Lehmani ou ard.	irrég. doub.	id.	id.	Allemagne.
Laciniata.	irrég. doub.	pinck.	id.	Italie, Milan.
Lauzeseuriana.	irrég. doub.	inconnu.	id.	Rennes, France, Lanz.
Lady Eleonor Campbell.	irrég. pleine	id.	id.	Ecosse. 1834.
Madame Adélaïde de France.	rég. double.	rouge simple.	id.	Paris, Tamponet.
Milleri.	irrég. doub.	rouge doub.	id.	Angleterre.
Minuta.	rég. double.	aitonia.	id.	Id.
Myrtifolia ou Involuta.	rég. pleine.	inconnu.	Japon.	Angleterre. 1808.
— grandiflora.	rég. pleine.	id.	Chine.	Paris, Noisette.
— pendula.	rég. pleine.	id.	Cochinchi.	Angleterre. 1808.
Moreana.	irrég. doub.	pinck.	Europe.	Belgique.
Masterii.	irrég. pleine	warrata.	id.	Angleterre.
Nebulosa.	irrég. doub.	pinck.	id.	Italie.
Papaveracea.	rég. pleine.	rouge simple.	id.	Angleterre.
Parcksii vera.	irrég. pleine	rubra plena.	id.	Id.
Perfecta ou Alexandreana.	irrég. pleine	warrata.	id.	Angers, Cachet. 1833.
Præcellentissima.	rég. double.	id.	id.	Allemagne.
Pictorum coccinea.	rég. double.	id.	id.	Milan, Sacco.
Princeps Seedling.	irrég. doub.	inconnu.	id.	Allemagne.
Palmer's perfection.	rég. pleine.	id.	id.	Angleterre.
Rachel Ruiss.	rég. double.	corallina.	id.	Belgique, Moëns.
* Rubra simplex ou Japonica.	rég. simple.	espéce.	Japon.	Angleterre. 1739.
* Rubra Sylvestris.	esp. simple.	id.	id.	M. Siébold. 1830.
— plena.	irrég. pleine	rubra simpl.	id.	Id. 1794, par Preston.
Rex Bataviæ.	rég. double.	rubricaulis.	id.	Belgique.
Rossi.	irrég. pleine	rubra simpl.	Japon.	Allemagne.
Rubra maxima.	irrég. pleine	id.	Europe.	Angleterre.
Rossiana superba.	irrég. s.-d.	id.	id.	Italie.
Rawsiana ou Roscii	irrég. pleine	rubra plena.	id.	Allemagne.
Sanguinea.	rég. simple.	rubra simpl.	id.	Angleterre.
Sinica.	irrég. pleine	corallina.	id.	Id.
Soulangiana.	irrég. simp.	rouge simple.	id.	Italie, Cas.
Staminea plena.	irrég. pleine	rubra plena.	id.	Allemagne.
Superbissima.	rég. double.	aitonia.	id.	Milan, Sacco.
Sparmanniana.	rég. double.	spathulata.	id.	Angleterre.
Splendens vera.	rég. pleine.	rubra plena.	id.	— Clapham.

NOM DU CAMELLIA.	FORME.	ESPÈCE OU VARIÉTÉ.	ORIGINE.	INTRODUCTION.
Speciosa vera.	rég. pleine.	rubra plena.	Japon.	Capt. Rawes.
Squamosa.	rég. pleine.	varieg. plena.	Europe.	Italie, Sacco.
Tamponetiana.	rég. double.	rubra simpl.	id.	Paris, Tamponet.
Venusta.	rég. double.	aitonia.	id.	Italie.
Warrata ou Anemoneflora.	rég. double.	inconnu.	id.	Angleterre. 1816.
Vandaleana.	irrég. doub.	coccinea.	id.	Belgique, Verl.
Vénus ou Venere.	rég. pleine.	pinck.	id.	Italie, Mariani. 1838.
Vespucius.	rég. pleine.	warrata.	id.	Italie, Milan.
Wellingtonia.	rég. simple.	inconnu.	id.	Francfort, Kins.

DEUXIÈME GAMME.

—

COULEUR CARNÉE (page 179).

Couleur dominante : Laque rose et cinabre, comme dans les numéros 1 et 2 du tableau peint.

—

Alba lutescens.	rég. double.	pomp. s.-pl.	Europe.	Angleterre.
Carnea.	rég. pleine.	inconnu.	Chine.	Angleterre. 1806.
Incarnata.	rég. pleine.	inconnu.	id.	Lady Hume. 1806.
Kowblusk.	rég. pleine.	inconnu.	id.	Angleterre. 1806.
Ochroleuca.	rég. simple.	espèce.	id.	Siébold.
* Sieboldii.	rég. pleine.	inconnu.	Europe.	Siébold.

DEUXIÈME GAMME.

—

ROUGE ORANGÉ PLUS OU MOINS FONCÉ (page 181).

Couleur dominante : Laque mêlée avec du rouge cinabre, comme dans les numéros 1, 2, 3, 4, 5, 6, 7 et 8 du tableau peint.

—

Anemoneflora var. sinensis.	rég. pleine.	warrata.	Europe.	Angleterre.
Atrorubens.	irrég. pleine	rouge simple.	id.	Id.
Augusta rubra ou Aurantia.	irrég. doub.	corallina.	id.	Id.
Bettina.	irrég. doub.	pinck.	id.	Milan, Ca.

NOM DU CAMELLIA.	FORME.	ESPÈCE OU VARIÉTÉ.	ORIGINE.	INTRODUCTION.
China (Tat). ou Rives nova.	irrég. pleine	rub. simple.	Europe.	Angleterre.
China large.	irrég. pleine	rub. simple.	id.	Id.
Conspicua.	rég. pleine.	warrata.	id.	Id.
Chandlerii.	rég. pleine.	variegata.	id.	Angleterre, Chandler.
Cactiflora.	irrég. s.-d.	pinck.	id.	Italie, Negri.
Crassiflora de Floy.	irrég. pleine	inconnu.	Amérique.	New-York, Floy.
Comtesse Hartig.	irrég. doub.	warrata.	Europe.	Italie, Milan, Mar.
Candolleana.	irrég. doub.	pinck.	id.	Id.
Coquettii.	rég. pleine	warrata.	id.	Id.
Derbyana.	rég. pleine.	corallina.	id.	Angleterre.
Dulcis.	irrég. pleine	warrata.	id.	Id.
Elata nova.	rég. pleine.	corallina.	id.	Angleterre, Chandler.
Eximia.	rég. pleine.	corallina.	id.	Id.
Futung.	irrég. pleine	warrata.	id.	Id.
Gioja.	irrég. pleine	warrata.	id.	Italie, Mariana.
Incomparabilis.	rég. simple.	aitonia.	id.	Allemagne.
Ignescens.	irrég. doub.	rouge simple.	id.	Id.
Imper. du Brésil.	rég. simple.	rouge simple.	id.	Belgique.
Lanekmanni.	rég. simple.	rouge simple.	id.	Id.
Magni flora plena.	rég. pleine.	rubra plena.	id.	Ang., Halmet de Claph.
Master picotti.	rég. pleine.	rouge simple.	id.	Id.
Mahleni.	rég. pleine.	pinck.	id.	Belgique.
Meteor.	irrég. pleine	inconnu.	Amérique.	New-York.
Magnifica rubra.	irrég. pleine	pinck.	Europe.	Italie, Sacco.
Nutruta warrata.	irrég. doub.	corallina.	id.	Angleterre.
Neriiflora.	pleine.	warrata.	id.	Italie, Milan.
Neoboracensis.	irrég. pleine	warrata.	Amérique.	New-York.
Nickolsii.	rég. pleine.	inconnu.	Europe.	Angleterre.
Parviflora.	rég. pleine.	rubricaulis.	id.	Angers, Cachet. 1828.
Palmers purple Warrath.	irrég. doub.	warrata.	id.	Id.
Reewesii.	irrég. doub.	coccinea.	id.	Id.
Revisa.	irrég. doub.	pæoniæflora.	id.	Id.
Rivinii.	irrég. doub.	coccinea.	id.	Id.
* Rosa species nova	rég. pleine.	espèce.	Chine.	Angleterre. 1825.
Rugosa.	irrég. pleine	rouge simple.	Europe.	Italie.
Radescky.	irrég. pleine	warrata.	id.	Milan, Mar.
Rutilans.	rég. pleine.	warrata.	id.	Allemagne.
Rossi varietas nova	irrég. pleine	warrata.	id.	Angleterre.
Sckrimackersii.	irrég. doub.	corallina.	id.	Belgique.
Salicifolia.	rég. pleine.	variegata pl.	Amérique.	New-York, Floy.
Tertii ou tertiana.	rég. pleine.	variegata.	Europe.	Milan, Mariani.
Thompsoniana.	irrég. pleine	aitonia.	id.	Angleterre, Thompson
— superba.	rég. pleine.	aitonia.	id.	Id.
Vandesia superba.	irrég. doub.	variegata.	id.	Id.
Variegata warrata china.	rég. pleine.	corallina.	Japon.	Capt. Rawes.
Wildenovia.	irrég. doub.	pinck.	Europe.	Allemagne.
Wardii.	irrég. pleine	varieg. plena.	Amérique.	New-York, Floy

PREMIÈRE GAMME.

—

FOND BLANC STRIÉ OU PONCTUÉ OU PANACHÉ DE ROSE (page 200).

(Première division.)

NOM DU CAMELLIA.	FORME.	ESPÈCE OU VARIÉTÉ.	ORIGINE.	INTRODUCTION.
Alba rosea virginalis.	rég. pleine.	inconnu.	Europe.	Angleterre.
Bancksii.	irrég. pleine	pomponia.	id.	Id.
Dianthiflora striata plena.	irrég. doub.	id.	id.	Italie, Milan.
Delicatissima.	irrég. pleine	pomp. simp.	id.	Angleterre.
Duchesse d'Orléans	rég. pleine.	punct. simp.	id.	Milan, Mariani.
Elegantissima.	irrég. doub.	rouge simple,	id.	Allemagne.
Gloria mundi.	irrég. pleine	pomponia.	id.	Belgique.
Imperialis.	irrég. pleine	id.	id.	Angleterre.
Imbricata alba.	rég. pleine.	alba simplex.	id.	Id.
Juliana.	irrég. pleine	inconnu.	id.	Id.
Kings royal.	irrég. pleine	pomponia.	id.	Id.
Lady Henriette.	irrég. pleine	id.	id.	Id.
Lineata.	irrég. pleine	id.	id.	Id.
Maculata superba.	irrég. pleine	id.	id.	Id.
Nobilissima nova.	irrég. pleine	id.	id.	Id.
Pulverulenta.	irrég. doub.	id.	id.	Id.
Punctata simplex ou Single with striped	rég. simple.	rouge simple.	id.	Angleterre, Press.
Picturata.	irrég. pleine	pinck.	id.	Italie.
Parini.	irrég. pleine	id.	id.	Id.
Platipetala.	rég. pleine.	pomponia.	id.	Angleterre.
Regina Galliarum ou Eclipse.	irrég. pleine	pomp. plena.	id.	— Press.
Reine d'Angleterre	irrég. doub.	pomp. simp.	id.	Italie, Milan.
Spectabilis maculata.	irrég. pleine	pomponia.	id.	Angleterre.
Sabina.	irrég. doub.	inconnu.	id.	Soc. Hortic. Londoni.
Spofforiiana.	irrég. pleine	id.	id.	Allemagne.
Triumphans alba.	rég. pleine.	id.	id.	Angleterre.
Tricolor.	rég. s.-d.	id.	Japon.	Japon, Siébold.
Victoria antwerpiensis.	irrég. doub.	pinck.	Europe.	Belgique.
Victoria italica.	irrég. doub.	alba simplex.	id.	Italie, Milan.

PREMIÈRE GAMME.

—

FOND ROSE STRIÉ OU PONCTUÉ DE ROUGE CERISE (page 208).

Comme dans le numéro 1 du tableau peint. (Deuxième division.)

NOM DU CAMELLIA.	FORME.	ESPÈCE OU VARIÉTÉ.	ORIGINE.	INTRODUCTION.
Colvillii vera.	irrég. pleine	pomponia.	Europe.	Angleterre. 1829.
Gray Venus ou Eclipse.	irrég. pleine	id.	id.	— Press.
Limbata.	irrég. doub.	inconnu.	id.	Id.
Masterii.				
Oxriglomana.				
Punctata plena.	irrég. pleine	pomp. simp.	id.	Id.
— major.	irrég. doub.	inconnu.	id.	Id.
Rosa mundi.	irrég. pleine	pomp. simp.	id.	Id.
Splendida.	irrég. pleine	id.	id.	Id.
Swetii vera.	irrég. pleine	pomp. simp.	id.	Id.
Venusta.	rég. pleine.	prin. pl.	id.	Id.

PREMIÈRE GAMME.

—

FOND ROUGE CERISE CLAIR OU FONCÉ PANACHÉ DE BLANC (page 212).

(Troisième division.)

—

NOM DU CAMELLIA.	FORME.	ESPÈCE OU VARIÉTÉ.	ORIGINE.	INTRODUCTION.
Aglae.	irrég. doub.	pinck.	Europe.	France.
Adonidea.	irrég. pleine	pomponia.	id.	Belgique.
Antwerpiensis.	irrég. s.-d.	rouge simple.	id.	Id. Moëns.
Brockii.	irrég. pleine	inconnu.	id.	Angleterre.
Bettina major.	irrég. doub.	rouge simple.	Id.	Italie, Milan.
Caryophylliflora.	rég. simple.	warrata.	id.	Angleterre.
Coronata rosea.	rég. double.	coccinea.	id.	— Low.
Cardinalis.	irrég. s.-d.	variegata.	id.	Belgique.
Donklaeri.	rég. s.-d.	inconnu.	Japon.	Siébold. 1833.
Fioniana.	irrég. o-dub.	variegata.	Europe.	Paris.
Ferdinandea.	irrég. doub.			
Lady Adèle Campbell.	irrég. doub.	pinck.	id.	France.
Melinetti.	irrég. doub.	id.	id.	Nantes, Mélinet.
Marmorata.	irrég. doub.	id.	id.	Belgique.

NOM DU CAMELLIA.	FORME.	ESPÈCE OU VARIÉTÉ.	ORIGINE.	INTRODUCTION.
Philippe I ou Mexicana.	irrég. doub.	id.	Europe.	Milan, Sacco.
Parkerii.	irrég. pleine			
Rouvroy.	irrég. doub.	warrata.	id.	Belgique.
Variegata plena.	irrég. doub.	inconnu.	Japon.	Angl. 1792, c. Connes.
— monstrosa.	irrég. doub.	id.	Europe.	Angleterre.
Versicolor.	irrég. doub.	pinck.	id.	Id.

DEUXIÈME GAMME.

—

FLEURS BICOLORES, FOND CARNÉ JAUNATRE STRIÉ DE BLANC (page 218).

(Première division.)

—

Bonardii.	rég. pleine.		Europe.	Paris, Paillet.
Estherii.	rég. pleine.			
Sweetia vera ancien.	rég. double.	inconnu.	Europe.	Angleterre, Sweet.

DEUXIÈME GAMME.

—

FLEURS BICOLORES, FOND ROUGE ORANGÉ, CLAIR OU FONCÉ, STRIÉ OU PANACHÉ DE BLANC (page 219).

(Deuxième division.)

—

Chandlerii striata.	rég. pleine.	corallina.	Europe.	Angleterre, Chandler.
Cunninghami.	irrég. doub.	rubricaulis.	id.	Id.
Coccinea major.	irrég. doub.	inconnu.	Japon.	Id. Siébold.
Imbricata tricolor.	irrég. s.-d.	id.	id.	Siébold.
Loukiana.	irrég. pleine	rubr. simpl.	Europe.	Angleterre.
Leana superba.	rég. pleine.	inconnu.	Japon.	Angleterre, Siébold.
Master double red.	irrég. doub.	pinck.	Europe.	Angleterre.
Priestley's ou Queen Victoria.	rég. pleine.	inconnu.	id.	Angleterre, (Kent.)
Warrata flammula.	irrég. s.-d.	warrata.	id.	France.